先生、アオダイショウがモモンガ家族に迫っています！

［鳥取環境大学］の森の人間動物行動学

小林朋道

築地書館

はじめに

今回で、先生！シリーズも一三巻を迎える。

一三巻ということは一三年ということだ（毎年一冊書いてきたので）。

一三年と言えば、……七〇歳だった人は、八三歳になる！

いや、これはあまり良い例ではなかった。

オギャーー、と生まれた子が中学一年生になる、あるいは、小学五年生だった子どもが、二四歳の社会人になる！　ということだ。うん、これならわかりやすい。

そういうこともあり、この「はじめに」では、**「続けること」の大切さ**を感じながら、これまた地道に続けている研究の対象の一つであるニホンモモンガに関する話をするのが道理というものだろう（なぜ、それが道理か？　とかは深く考えてはならない）。

ちなみに、ニホンモモンガとは言っても、生（なま）の、本物のモモンガについては、この後の「本文」のなかでお話しするので、ここでは、本物ではないモモンガの話をさせていただきたい。

「本物ではないモモンガ」………、たとえば、モモンガの生息地保全と地域活性化を結びつけようとして始めた芦津（あしづ）モモンガプロジェクトでの「モモンガグッズ」などがそうである。

でも、それについてもこれまで何度かお話ししてきたので、ここではちょっと違った「本物ではないモモンガ」のお話をしたい。

ずばり、「ゼミ生への愛をこめた、モモンガの顔をつけられた土産」と「独り立ちしていった芦津のモモンガの商品」である。

「ゼミ生への愛をこめた、モモンガの顔をつけられた土産」のほうからいこう。

忘れもしない（どんな仕事での出張だったかはばっちり忘れているが………）。東京の羽田空港のなかで、ゼミ生に買って帰ってやろうと思い、お土産店に入った。そしたら、**運命の出合いがあったのだ。**

それは、表側に「ＳＭＩＬＥ　ＴＯＫＹＯ」と書かれた、クッキーのようなワッフルのような（じつは、中身がなんだったか忘れてしまった）、とにかく高価な（ウソ。お手ごろ価格の）お菓子の詰めあわせだったのだ。

問題は、シンプルな、その表に描かれた、ニコッとした顔だ（まさにSMILEだ）。私には**その顔が確かにニホンモモンガの顔と重なって見えたのだ。**

機内で私は、思わずそのSMILEにマジック（いつもポシェットに入れて携帯している）で線を加え、ニホンモモンガの顔にしていた。そしたら胴体も書きたくなって、皮膜を広げた体まで書いてしまった。

一瞬、「市販の（！）お土産にこんなことをしてもいいのだろうか」、と一抹の恐れのようなものを感じたが、「イヤ、ゼミ生たちは喜んでくれるに違いない」と思いなおし、鳥取に帰り、夜、大学に立ち寄ったとき、ゼミ室に置い

羽田空港で運命の出合いをしてしまったお土産。思わずパッケージの表にモモンガを描いてしまった！

てきた。

それからというもの、私は、出張でゼミ生たちに土産を買うたびに、箱の表のデザインにうまく溶けこませるように（もちろんかなり強引なときもあったが）、モモンガを描くようになったのだ。**かなり楽しかった**ことも隠さず言おう。

そして、**これは相互作用！**　というべきか、土産を選ぶとき、「パッケージのデザインが、モモンガを、自然なタッチで描くことができるようなものかどうか」を基準の一つにするようになったのだ。

次のページに載せた写真が、それらの、モモンガが入りこんでしまったお土産のパッケージ（まだまだ、あったのだが、写真を撮らなかった）である。

なかには、パッケージのデザインの上下を、無理やり逆さにさせられてモモンガに変えられたものもある。なかにどんな土産が入っているのかほとんどわからなくなったものもあった。

そして、私は、こういった土産をゼミ室に置くとき、恩着せがましく「小林からのお土産です」みたいなセリフを必ずつけ加えてきたものだから、学生たちも気を使ったのかもしれない。モモンガの絵が入った包装紙や箱の蓋を壁に貼ってくれたり、やがて、額に入れて飾ってくれ

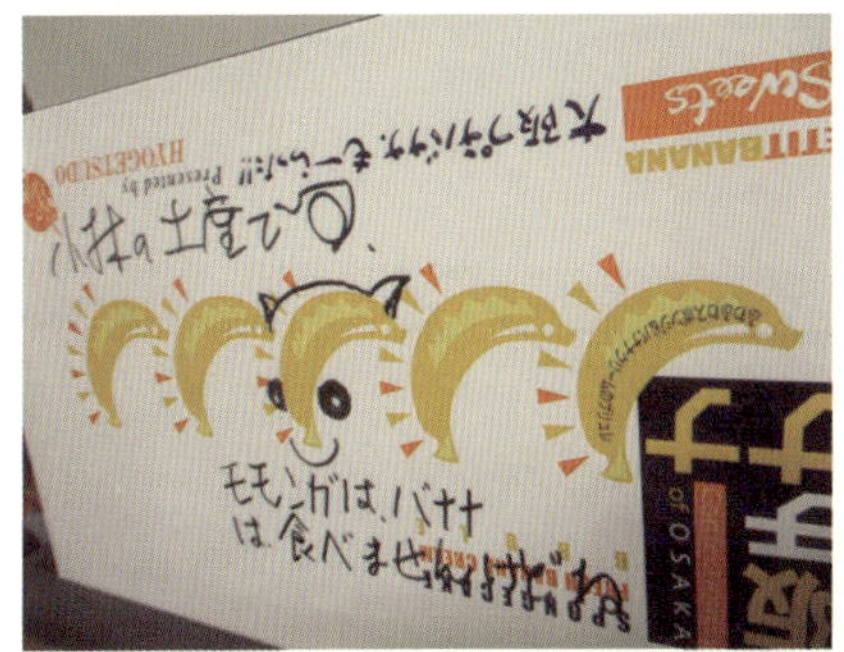

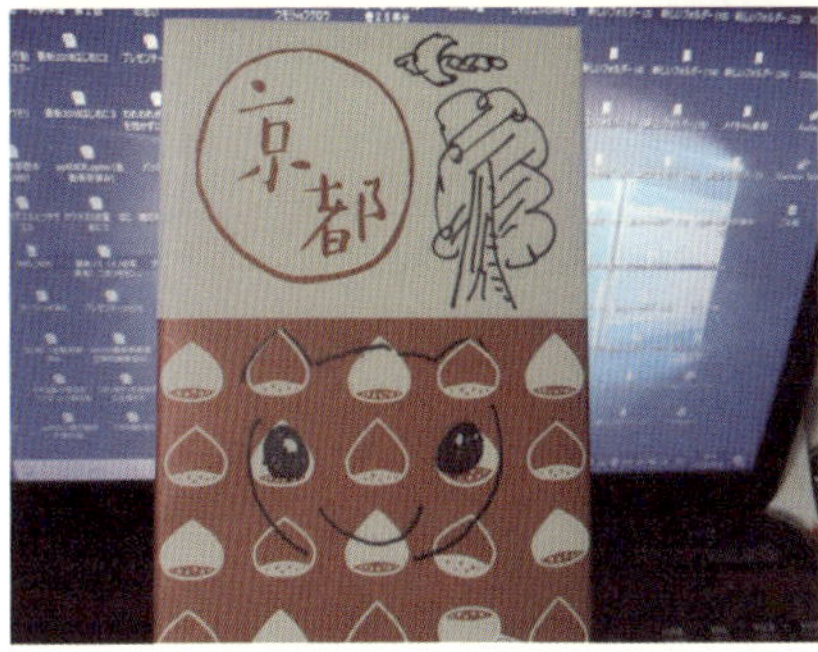

お土産のパッケージに描いたモモンガの数々。お土産を選ぶときに、モモンガが描きやすいかが基準になってしまった

たりするようになった。

あるときは、私がゼミ室へ行ったらＭｏさんがいて、私の〝落書きモモンガ土産包装紙〟について次のようなことを教えてくれた。

「先生、一番人気はこれですよ」

そう言ってＭｏさんが指さす先にあったのは、中身が空になって、箱だけが立てかけてあった、次ページのような〝落書きモモンガ土産包装紙〟だった。

そこには、横浜港の大橋ベイブリッジの上から滑空する、小さいモモンガのシルエットが描かれていた。

ほーっ、これが一番人気か。ゼミ生たち

学生たちが、“落書きモモンガ土産包装紙”を額に入れて壁に飾ってくれた

もなかなか目が高い。単にかわいいだけのモモンガではなく、彼らの習性が描かれた、なんとなく寂しくもあり、メルヘンチックでもあるこの〝落書きモモンガ土産包装紙〟か、と、私は一人、感慨にふけったのだった。

でも、最近は、ちょっと〝落書きモモンガ土産包装紙〟が増えすぎたせいか、**ゼミ生たちの関心が薄れてきたような……。**

この気持ちをちょっと聞いてほしい、という気分になって、もちろんゼミ生に直接言うことなどできないので、ツイッターの個人アカウントでさりげなくつぶやいてみたら、ゼミ生のＴｎさんから、すぐにＬＩＮＥで次のようなメッセージが届いた。

ゼミ生たちの一番人気はこれ。横浜港にかかるベイブリッジから滑空するモモンガだ。さすが、渋い。目が肥えている

「みんな感謝していただいてますよ」（やさしいねー）

ちなみに、そんな出来事から少しして、大学祭があったのだが（私は出張で大学にはいなかった）、郷里の東北に就職したゼミの卒業生（ＮｅさんとＭｓさん）が、お菓子のお土産を持ってきてくれ、私がいなかったので研究室のドアノブにかけていってくれた。

そのお土産が下の写真である。

さすが小林ゼミの卒業生、というか、Ｎｅさん、Ｍｓさん。

さて、次は、「独り立ちしていった芦津のモモンガの商品」である。

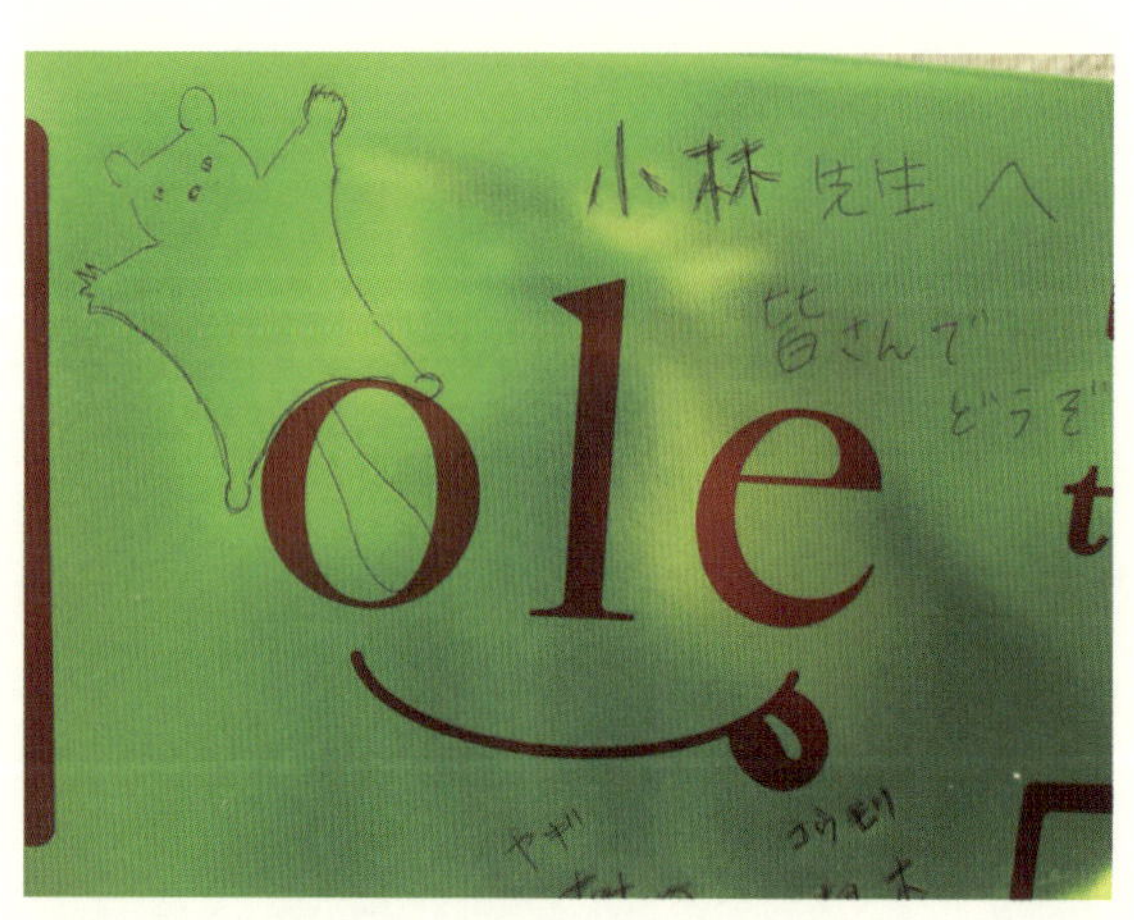

小林ゼミの卒業生NeさんとMsさんが持ってきてくれたお土産。
私が不在だったので、研究室のドアノブにかけてあった

われわれ芦津モモンガプロジェクトの手を離れて活動しはじめたモモンガが商品化された話を二つしよう。

一つ目は、芦津がある智頭町(ちづちょう)の酒造会社「諏訪酒造」から販売された日本酒である。四肢を広げて滑空する芦津のニホンモモンガがラベルになった見事な日本酒だ(私はほとんどお酒が飲めないので味わったことはないが)。

モモンガの姿勢の重心が少し左側に偏っているのは、このニホンモモンガ、**ちょっとお酒で酔っていたりして**……。着地が心配だ。

(このお酒に興味をもたれた方は、

地元芦津の日本酒のラベルに、滑空するニホンモモンガが！

suwaizumi.jpへ）

ちなみに芦津の方たちは、かなり以前から「あしづの夢」という日本酒も製造されていて、これも、芦津渓谷のきわめて良質な水と、その水を恵みとして育った米からつくられた美酒である。

芦津集落のコミュニティーハウスのそばにある「ももんがの湯」に入って、〝モモンガ〟と〝夢〟のお酒を嗜む（たしなむ）のもいいだろう。「ももんがの湯」のすぐ近くにある森にもモモンガがいることが確認されている。夜の芦津の森を滑空するモモンガが、空気を切り裂く音が聞こえるかもしれない。心をすませば。あるいは、ほろ酔いの夢のなかで。

二つ目の「独り立ちしていった芦津のモモンガの商品」は、鳥取県の西にある「カエル工房」から発売された、芦津のニホンモモンガの、スズでできたキーホルダーや根付、ブローチである（写真は根付）。

「カエル工房」は全国的に有名な（読者の方はご存じないですか？　動物好きの間ではちょっと有名である）、リアルなカエルを中心とした両生類、爬虫類などのフィギュア、レプリカ、アクセサリーを製作販売している会社である。博物館などからも多くの注文があるという。

その「カエル工房」が、ピューターシリーズ（スズ製商品）のなかではじめて手がけた〝哺乳類〟である。清水の舞台から滑空するような気分でつくられたのかもしれない。

鋳型のモモンガを持ってこられ、意見を聞かれたが、さすがに動物のことがよくわかっておられる、と思った。

モモンガの、かわいらしさも渋く表現し、滑空姿勢を理にかなった体の構造でつくっておられ、尾の形態もよく再現されていて……、これは逸品だ。

商品が入った袋に同封されている解説文には、芦津のモモンガたちの主食であるスギの葉が描かれたイラストと、芦津の森についての簡単な解説が入っている。

スズでできた芦津のニホンモモンガの根付。滑空する姿勢が理にかなった体の構造で、尾の形態もよく再現されている

（スズのモモンガに興味をもたれた方は、kaerukoubou.shop-pro.jpへ）

私は、野生生物の生息地の保全には、「ここは大切な生物がいるから、とにかく手を出してはいけない」といった考えだけを基本とする対策には賛同しない。もちろん場合にもよるが。そのやり方で進んでいくと、多くの人の、自らの意思で希少な生物の生息地保全をしようとする考えを止めてしまうことになるのではないか。自分の外側からの力だけで規制した場合、人が見ていなければ、あるいは罰則がなければ……、ということになりやすいと思うのだ。

私は、それぞれの生物と可能な範囲でふれあったり、モモンガ日本酒やスズモモンガという形でも、それらを**身近に感じたり、彼らに思いを馳せたりする**ことがとても大切だと思っている。そうしてこそ、**自分の思いで生息地の保全に関心をもったり、なんらかの行動を変えたり**することにつながると思うのだ。

野生生物との共存は、リスペクトや楽しみ、そして、彼らのための我慢、という形で達成していくのが戦略的にも有効ではないだろうか。

それに加えて、彼らの**生息自体が、経済的に利益になること、**これがまたとても重要だ。そうなれば、自分たちの利益になるから（！）彼らの生息地を保全しよう、というホモ・サピエンスの心理的特性に合致した動きも生まれやすいからだ。

そういった意味でも、野生生物の習性や生息地を感じさせるような、魅力的な商品がどんどん生まれてくることを私は願っている。芦津のモモンガについても、**どんどん遠くへ滑空して広がってくれることを願っている。**

いいじゃないか。

もちろん、本家「芦津モモンガプロジェクト」のモモンガグッズもこれからも頑張りまーーーす。

以上をもちまして、先生！シリーズ第一三巻の「はじめに」を終わらせていただきます。

本書を手にとってくださったみなさん、ほんとうにありがとうございます！

二〇一九年二月一日

小林朋道

◇目次

本書の登場動（人）物たち

カワネズミとMkさん

いや、魅力的な研究対象を見つけたね

まずは下の写真を見ていただきたい。

右側の、ガラス容器のなかをのぞきこんでいる人物がＭｋさんだ。

そして、左側の、体を前のめりにして、まるで**Ｍｋさんを見つめているような格好をしている**のが、本章の主役の半分、**カワネズミだ。**

ちなみにＭｋさんは、第一二巻でも登場した。

動物中心の生活を優先するＭｋさんは、そういう方面での実践的学び（？）を優先して、環境学部で一年間余計に勉強し（つまり留年だ）、実践的学びを続けるために大学院に進んだ。私のゼミに所属していた

ガラス容器のなかをのぞきこんでいるMkさんと、Mkさんを見つめているような格好をしているカワネズミ

こともあって、鳥取が大好きになって、大学院もまた私のところへやって来た。

写真のカワネズミのほうは、私の研究室で特に何かをしたかったわけではないが **(アタリマエジャ)**、Ｍｋさんのたってのお願いで **(ウソ、Ｍｋさんに罠で捕獲されて)**、大学に連れてこられた。

もともとは、大学から北東方向へ車で約二時間ほど走ってたどり着く標高五〇〇メートルほどの谷を流れている渓流で暮らしていたカワネズミである。

ただし（カワ）ネズミとはいっても、齧歯(げっし)類の「ネズミ」とはまったく別の分類群の動物である。モグラに近い、トガリネズミ科に属する種で、呼び名のとおり、川と河川敷を生活場所にしている日本の固有種である。

鳥取県の山村では、ひと昔ほどではないが、今でも山仕事のときなどに目にしたという人も、多くはないがいるにはいる。でも学術的には、観察はおろか捕獲も簡単ではなく、研究者も少なく、**その行動・生態はほとんど知られていない。**

そんな動物の研究をなぜしようと思ったのか？

あるときＭｋさんが教えてくれた。

四年生のとき、卒業を延期することが（正確には、延期させられることが）決まったころ、夜、寝る前に日本の哺乳類の事典を見ていたのだそうだ。四年生の卒業研究ではツキノワグマを対象にしたのだが、発信機での調査ばかりで、自然のなかで本物を一度も見ることができなかったMkさんは、今度は、**もっとふれあえるほどお近づきになれるような哺乳類を研究してみたい、**と思っていたという。そこに、「まだ生態はほとんどわかっていない」と解説されていたカワネズミの写真がMkさんの目と心につき刺さってきたのだ。カワネズミならクマの調査のとき何度か見たことがあった。

なんだかうれしくなって**布団から飛び出て小躍りした**という。

率直に言ってMkさんの努力と少なくとも実験についてのセンスは悪くない。いけている**（私が言うのだから間違いない）**。そして、Mkさんが今日までに明らかにしてきた行動の発見や解明は、これまでのカワネズミについての学術的報告にはないものがほとんどで、カワネズミの生態の謎に踏みこむ大きな一歩だという印象を私はもっている。

本書が出版されるころにはすでに論文も出ているだろうから、まだ途中の成果ということになるが、これまでにわかってきた内容を少しご紹介しよう。

Ｍｋさんは、野外でも目視や自動感知カメラを使った調査をしているが、成果の多くは、実験室内に設置した、一四〇×六〇×高さ八〇センチと、一二〇×五〇×高さ七〇センチの二つの水槽を長さ一五〇センチのホースでつないだ飼育・兼・実験用の容器内で得られてきた。

一方の水槽には隠れ家と餌を入れた容器が入っており（餌場水槽）、もう一方の水槽では、川の浅瀬を模した石や砂の環境をつくり、魚や水生昆虫、サワガニを放した（水場水槽）。カワネズミはおもに餌場水槽で餌を食べ、水場水槽で泳ぎを堪能し、時々水中の獲物を捕っていた。

Ｍｋさんの飼育センスには天賦の才があ

140×60×高さ80cmと120×50×高さ70cmの大型水槽をホースでつなげた飼育・兼・実験用容器

り**（私が言うのだから間違いない）**、大工のアルバイト経験を生かして、大きな板や小物から必要な仕掛けを次々とつくり上げていった。

餌やりも大変だ。**試行錯誤で特製の餌**（ミールワーム〈ゴミムシダマシという甲虫の幼虫〉とコオロギとドッグフードをまぜたもの）を考案し、ほぼ毎日与え（カワネズミは大食漢であり、かつ古くなった餌は食べない）、観察しつつ実験しつつ……といった感じだ。アルバイトで遅くなった日は、深夜に餌やりに来ることもあった。

研究を始めたころ、**捕獲にはとても苦労した。**

自動感知カメラには写っているのに罠には入らないのだ。罠に仕掛けたシシャモは、イタチが罠を力ずくでこじ開けて食べたり、時には、ゴギ（サケ科イワナ

水から身を乗り上げて餌を食べようとして罠にかかったゴギ（あなたはまったく必要ないです）

属の魚）が水から身を乗り上げて食べようとして罠にかかったりした**（あなたはまったく必要ないです）**。

失敗に失敗を重ねて、それでもへこたれずに罠を仕掛けつづけたある日（春先はまだ高地は気温が低いため、二時間おきくらいに渓流に行って、仕掛けた罠を点検して回らなければならない。時間が経つと罠のなかでカワネズミが死んでしまうのだ）、ＬＩＮＥにＭｋさんの飛び跳ねるようなメッセージが届いた。そのときのことは今でもよく覚えている。

「カワネズミが入りました！」

苦労がやっと報われたのだ。うれしかったにちがいない。Ｍｋさんの気持ちは私にもよくわかった。

そしてＭｋさんは、カワネズミを罠に入ったままの状態で車に乗せて大学に向かい、前もっていろいろ思いをめぐらせてつくっておいた飼育・兼・実験用容器に入れたのだった。

私がそのカワネズミに出合ったのは翌日、出勤した朝だった。

私は、実物のカワネズミを見るのははじめてだった（事典の写真のカワネズミや、Ｍｋさんが仕掛けた自動感知カメラに写った、姿がはっきりしないカワネズミは見たことはあったが）。研究室に荷物を置いて実験室に直行だ。

こんなときの**ワクワク感、**今思い出しても**ワクワク感。**なんか標語のようになってしまったが、ちょっとした**「幻の珍獣」**と言ってもいいだろう、カワネズミに会えるのだ。

余談だが、実物のカワネズミと、〝ニアミス〟と言えばよいのか、「見られる可能性があったのに」と言えばよいのか、そんな機会は一度あった。

そのときわれわれは、学生実習でニホンモモンガの調査をしていた。モモンガの棲む森について理解を深めるため、森にそって走る渓流の水生動物を学生たちに調べてもらった。まずは、カワゲラ・トビケラ・カゲロウの幼虫といった定番の動物たちが採集され、それからヘビトンボの幼虫、サケ科の幼魚、ブチサンショウウオの幼生などのめずらしい面々が捕れはじめたころだった。

学生のＳｇくんが叫んだ。

「先生、ネズミのようなものが泳いでいきました。水のなかから浮かび上がってきました」

そりゃカワネズミだろ。私はとっさに思った。そう思ってSgくんのほうへ駆け寄った。

「どこ！　どこにいた！　どこへ行った！」

激しく迫る私に、Sgくんは気の毒にポカーンとした顔をして、次のような感じで状況を説明してくれた。

「この木を持ち上げたら浮いてきて、向こうのほうへ泳いでいって、岸のところで見えなくなりました」

私の大脳あたりは「そっか、それはもう無理だな」とあきらめたが、**間脳あたりは嘆き悲しんだ。**「なんで私のところに出てきてくれなかったの。なんでどこかへ行ってしまったの」……みたいに。

さて、Mkさんが連れてきたカワネズミのほうだ。

私の予想に反して、カワネズミは**警戒心ゼロ**みたいな様子で、飼育・兼・実験用容器の底で、……健やかに寝ていた。何かに隠れるでもなく身をさらけ出して半円形になって寝ていたのだ。拍子抜け、というか、「**あんた、ほんとに野生動物？**　ヘビとかイタチとかフクロウとか、天敵もたくさんいるだろうに。そんなことしていていいの？」みたいな感じ。

でもおかげで私はカワネズミの姿をマジマジと観察することができた。
とがった鼻先（トガリネズミ科に属する種だから、まっそうか）。
鼻先のやたらに多い髭（水中で感覚器として活躍するのだろうか）。
目があるようでないようで（失礼だろ。あるに決まってる）。
短くて密な体毛（水に入ったときにこれが体表に空気の膜をつくるにちがいない）。
やたらに太くて長い尾（泳ぐときに役に立つのか、渓流を登るときに役に立つのか）。
前肢の先の、立派な太くて長い、毛の密集した指（水をかくときに有効そうだ）。

無防備な姿で眠るカワネズミ。キミ、大丈夫？　ほんとに野生動物なの？

いろいろ思いながら私は、**このはじめて見る動物**が、どんな動きをして（特に水中で）、どんなふうに餌を捕らえて食べ、個体同士はどんなふれあい方をするのか、ヘビやイタチのニオイにどう反応するのか、どんなところにどんな子どもを産むのか、**……想像はつきなかった。**

そしてＭｋさんの研究が進みはじめた。

そのなかで、写真のカワネズミのような、〝警戒心ゼロみたいな……何かに隠れるでもなく身をさらけ出し〟た寝姿はまれで、たいていは、何か覆いがある場所にもぐって身を隠し休息することがわかってきた。

ただし、個体差はかなりあり、**「写真のカワネズミ」はかなりおおらかで、**Ｍｋさんは、以前、研究室の動物に関して数カ月間取材をされた某放送局のオオキさんの名前を拝借して、そのカワネズミを「オオキサン」と名づけた。人間の「オオキさん」も、暇があると、どこでも〝警戒心ゼロみたいな……何かに隠れるでもなく身をさらけ出し〟た状態でお眠りになったのだ。

その後、実験個体も増えて、それらの個体について行なった実験により、カワネズミの休息場所について次のような習性がわかってきた。

①カワネズミは、おもに日中に休息する、Ｍｋさんが**「休息所」**と名づけた場所と、何かあると休息所から飛び出して隠れる、Ｍｋさんが**「避難所」**と名づけた場所を別々に認識しているらしい。

「休息所」というのはＭｋさんが、飼育・兼・実験用容器の片方の大きな水槽内に置いたビニールパイプであり、「避難所」というのは、大きな水槽二つをつなぐ直径六センチ、長さ一五〇センチのホースである。

そして、「休息所」として好まれるのは、**「広すぎずせますぎず、あまり奥行きがない」**空間である。ビニールパイプを使った実験では、直径七センチ、長さ一〇センチのパイプを、それよりも広かったりせまかったり、あるいは長かったり短かったりするパイプより好んだ。さらに、「休息所」は、「避難所」のより近くにあるものを好む。

Ｍｋさんは、「休息所」として選ばれるのが「広すぎずせますぎず、あまり奥行きがない」ものである理由を次のように推察している。

休息所は、外で何か変化があったとき、すぐに気づいて対処できるような「広すぎずせますぎず、あまり奥行きがない」ものであることがカワネズミにとって都合がよいのではないか。

確かに、「休息所」に入っているカワネズミは、時々身を起こして鼻を休息所から外へ出してヒクヒク動かし、いかにも外の様子をうかがっているといった動作をすることがある。そして、近くに避難所があれば、何か危険を感じることがあったらすぐに脱出し、近くにある避難所に逃げこむことができる、というわけだ。

野生生息地でのカワネズミの追跡にもとづいた研究でも、おもに日中、そのなかで過ごすことが多い（Ｍｋさんが名づけた）「休息所」と、活動が活発な時間帯に一時的に隠れる（Ｍｋさんが名づけた）「避難所」の使い分けが起こっていることが示唆されている。

②これまでの報告では、カワネズミが休息所に、枯れ葉などの保温材を持ちこむかどうかについてはっきりした記述はなかった。しかし、飼育・兼・実験用容器のなかでの観察・実験ではっきりとした答えが出た。
カワネズミは保温材の運びこみを行なうときと行なわないときとがある。条件によって違うのだ。そして、その条件とは、「気温」だ。

エアコンで実験室の温度を二五℃くらいに下げると枯れ葉の運びこみを始めたのだ。そして、少なくとも実験した二個体で、二五℃から温度をより低く下げるにつれて、運びこむ枯れ葉の枚数が比例的に増していったのだ。

行動がルーズそうに見えた分だけ、気温と枯れ葉の枚数との比例の規則正しさにMkさんも私も驚いた（ちなみに、持ちこむ枯れ葉は、二五℃で三、四枚だったが、五℃になると二〇枚ほどになった）。ちゃんと**自分たちの体のことを考えている**のだ。

ただし、だ。齧歯類のネズミやリスで必ずと言ってよいほど見られる「枯れ葉の加工（つまり、歯でかじって細かくする作業）」は、カワネズミではまったく見られなかった。カワネズミには失礼だが、そのほうがカワネズミらしい。

枯れ葉を、ビニールパイプの休息所に取りこもうとしているカワネズミ

次は、**糞（!）について**お話ししよう。

ただし、その前に、このことだけはふれておかなければならないだろう。カワネズミの糞の実験のために、実験室で作業をした人はもちろん、実験研究棟の一階を通った多くの人たちがそのニオイにさらされ、**ちょっとした我慢を強いられつづけた**ことに。

カワネズミの飼育・兼・実験用容器が置いてある実験室は、実験研究棟の一階正面玄関を入って真っ先に出合う部屋である。そして、正面玄関の自動ドアが開くと、なんとも言えない、けっして心地よくない**独特のニオイが漂ってくる**のだ。実験室から出たニオイが、成仏できなかった魂のように廊下を漂うのだ。

まー、実験室で哺乳類を飼育する場合、それはある程度運命といえば運命だ。つまり、糞尿のニオイを完全に防ぐことはできないのだ。

一度、実験室にニホンモモンガを飼育しているケージを置き（私が）、ゼミ生のNkさんが、たくさんのハツカネズミが入ったプラスチックケースを置いたとき、ちょっとした**論争も起きた。**

私が、Nkさんのハツカネズミのニオイを「臭(くさ)い」（私はハツカネズミの糞尿のニオイが苦手なのだ）と言ったら、Nkさんは、「いや、**一番臭いのはカワネズミ**で、**次に臭いのはモモ**

ンガで、**ハツカネズミは三番目**です」と言い張った。あとで、そのやりとりを、そのときはその場にいなかったMkさんに私がチクったら、Mkさんは「Nkがそう言ったんですか。確かにカワネズミはニオうけど、**ハツカネズミのニオイほど嫌なニオイじゃない**」みたいなことを言った。私は、いずれにしろモモンガは二番目か三番目だったので、いつも気軽な気持ちで論争を楽しんでいた。

そんななかで（なんかテキトーな表現）、Mkさんの「溜め糞」の研究は進んでいった。

それまでの野生生息地でのカワネズミに関する学術論文では、カワネズミは、渓流の**大きな石の上に、集中して糞をする**ことがあると報告されていた。Mkさんの調査地でも同様な現象が見られ、川のなかにポツン、ポツンと鎮座している大きめの石に、糞が集中して溜められていることが確認された。

Mkさんは、それらの石の特徴を今調べているのだが、増水しても動くことはない、とか、増水しても水に浸かることはない、とか、コケが生えている、といった条件があるのでは、と推察している。

Mkさんにガイドしてもらって、ゼミ生とカワネズミの糞をめぐるフィールド調査をしているところ。溜め糞（下）を見ながら議論している。うん、いい実習だ

では、実験室の飼育・兼・実験用容器のなかではカワネズミはどのように糞をするのだろうか。ここでも溜め糞が行なわれるのなら、溜め糞はカワネズミのしっかりした習性とみなせるのだが……？

そう、容器のなかでも溜め糞はしっかり行なわれたのだ。

四匹の個体のうち、オオキサンだけが独特の個性を発揮して、最初のころこそ、散らばった糞をしていたが、やがて溜め糞をしはじめた。ほかの三個体はすべて、容器に入れられてからすぐに、容器の底の特定の場所に溜め糞をしつづけた。

こうなると**やってみたいことはどんどん頭に**

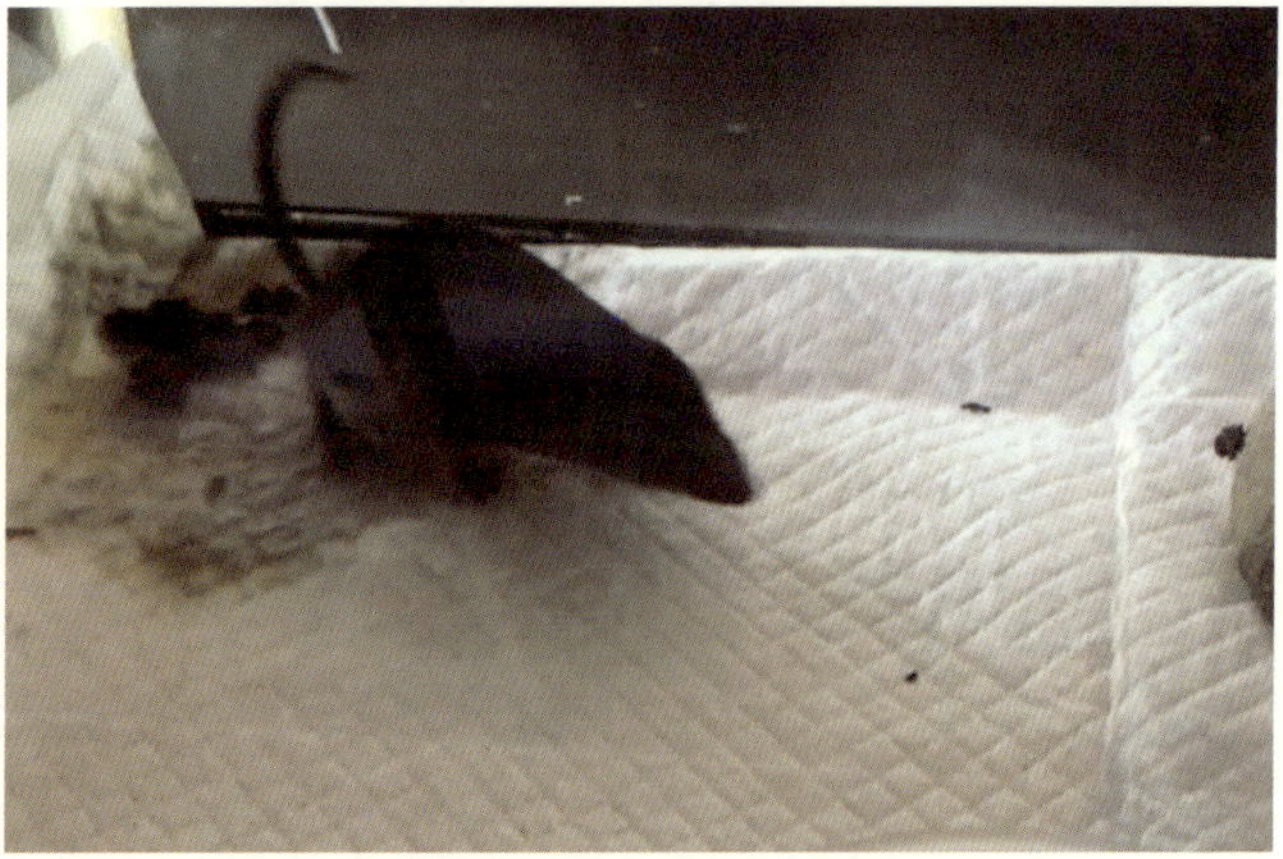

溜め糞場にさっそうと糞をするカワネズミ

浮かぶ。

長くなるので、実際やってみた実験のなかから、**「おーっ！」**という結果が得られたものだけ二つご紹介しよう。

〈その一〉

「カワネズミは、溜め糞の場所を、生活空間のなかで〝位置〟として記憶しているのか、それとも、それまで溜めてきた糞からの〝ニオイがする場所〟として認知しているのか？」

この疑問を明らかにするため、Mkさんは次のような操作を行なった。

カワネズミたちの許可も得ず（どうやって許可をもらうんじゃ！）、飼育・兼・実験用容器の底面全体に敷いていたシートを変え、それまでカワネズミが〝溜めていた〟糞たち（？）を、それまでの容器内での〝位置〟とは別の〝位置〟に移す（三〇〜五〇センチくらい離して置く）。

この操作のあと、カワネズミがどこに糞をするかを調べれば、疑問は解けるはずである。もしカワネズミが〝位置〟を記憶しており、その〝位置〟にこだわって溜め糞をするのであれば、操作後の糞は、新しいシート上でも、もとの溜め糞の〝位置〟に（そのときは、そこには溜め糞は影も形も、もちろんニオイもまったくない）されるだろう。

一方、溜め糞を〝ニオイがする場所〟として認知しているのであれば、カワネズミは、溜め糞たちが移動させられてニオイを発散させている移動先に糞をするだろう。

そして結果は？

結果は明白だった。すべてのカワネズミが、もとの溜め糞の〝位置〟に糞をしたのだ。そこには溜め糞の影も形もニオイもまったくなかったのに、だ。

もちろん、それからそこは立派な溜め糞場に成長して（？）いき、**以前の活気（？）を取りもどした**のだった。

つまり、カワネズミは、溜め糞の場所を、生活空間のなかで〝位置〟として記憶しているのだ。

〈その二〉

「カワネズミは、自分が溜め糞を行なっていた場所とは異なる場所に、他個体の溜め糞が置かれると、その他個体の溜め糞に対してどのような反応を示すだろうか？」（この実験の背景には、あとでまたお話しするが、カワネズミが縄張りのアピールのために溜め糞を使っているのではないか、という推察があった）

実験は、〈その一〉と基本的には同じだった。

それまでカワネズミが溜めていた糞たちを取り去り、飼育・兼・実験用容器の底面全体に新しいシートを敷き（ここまでは〈その一〉と同じ）、溜め糞があったところから三〇～五〇センチくらい離れたところに他個体の溜め糞を置く。そしてそこに家主のカワネズミにもどってきてもらい、どう反応するかを調べる（二四時間ビデオを回しつづけるのだ）。

さて結果は？

これまた結果は明白だった。家主カワネズミは、〈その一〉のときとは違い、**他個体の溜め糞にたいそう関心を示し、**溜め糞のニオイを嗅ぎまわったあと、その溜め糞の上やすぐわきに（！）糞をしたのだった。〈その一〉では、もとの場所から移動させられた自分の溜め糞には関心を示さず、もとの〝位置〟に糞をしたのに……。

そして、他個体の溜め糞の上への排糞はその後も続いた。それは、**「よそ者の溜め糞を私の溜め糞で覆い隠してくれるわ！」**とでも言うかのような家主カワネズミの思いが表われている感じがした。

いや、二つの実験とも、じつにきれいな結果だった。

私は、Mkさん以上に感動したかもしれない。

ちなみに、一言、つけ加えておくと、………これらの実験がうまくいったのは、Mkさんの、カワネズミの飼育が的を射ていたからだと思う。カワネズミが飼育・兼・実験用容器のなかで生き生きと生活しているのを見るにつけ私はそう思ったのだ。

ところで、ここまで読まれた方のなかで、雌雄で反応に差はないのか？　と思われた方がおられるかもしれない。

その方は、………**すばらしい。**

確かにこういった行動の研究において、雌雄の違いというのは大切な観点なのだ。でも、カワネズミでは外部生殖器の外観ではっきり雌雄を断定するのは難しいのだ。少なくとも、生き

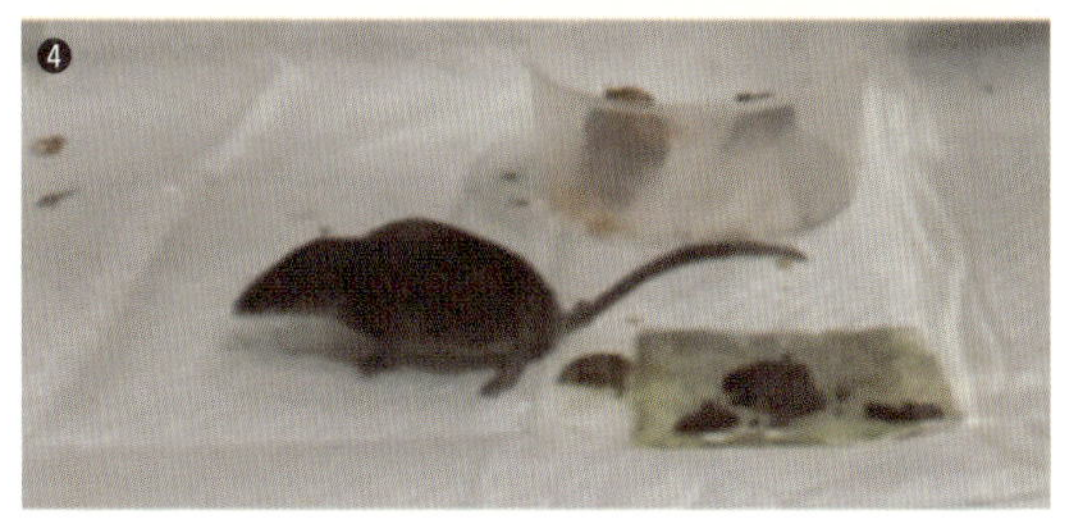

カワネズミの溜め糞の実験〈その2〉
①家主カワネズミの溜め糞を取りのぞき他個体の溜め糞を置く
②もどってきた家主カワネズミは他個体の溜め糞のニオイを嗅ぎまわる
③④そして、他個体の溜め糞の上やわきに糞をしたのである。まるで「よそ者の糞を私の溜め糞で覆い隠してくれるわ！」とでも言うように（奥に置いてあるのは餌入れ容器）

ている個体をつかんで肛門部あたりをざっと見て判断することはＭｋさんにも難しかった。だから、今のところ、雌雄についてはふれることなく実験結果についてお話ししている。ご承知おきいただきたい。

さて、その後、互いに顔見知りでない個体同士を、それぞれの飼育・兼・実験用容器を通路でつないで（間に金網をはさみ、直接ふれあうことはないようにして）出合わせる実験も行なった。するとなんと、それぞれの個体は、金網の手前の、自分の飼育・兼・実験用容器側に、最初は尿のみを、やがて糞もするようになったのだ（最初、尿のみを繰り返し排泄したときは、これは**〝溜め尿〟とでも呼ぶべき発見だ！**　とＭｋさんと私は盛り上がった）。そして、私は、二匹の金網ごしの出合いを記録した映像をまだ見せてもらっていないが、Ｍｋさんの話だと、両者は、互いに噛みつこうとするような攻撃的な動作を示したという。

これまでのこういった実験結果を総合して考えると、カワネズミの社会に関する次のような推察が浮かび上がってくる。

カワネズミは、それぞれの個体が渓流に、よい狩場を含んだ縄張りをもっており、よそ者の侵入を防ごうとする習性をもっているのではないだろうか。その一つの表われが溜め糞（溜め尿）であり、それによって、**自分の縄張りのアピール**をしているのではないだろうか。

これはあくまで暫定的な仮説であるが、Ｍｋさん以前の研究では、ここまで書いてきたような、溜め糞（溜め尿）行動を直接調べる試みはまったく行なわれていなかったのだ。だから、私は冒頭で書いたのである。

「Ｍｋさんが今日までに明らかにしてきた行動の発見や解明は、これまでのカワネズミについての学術的報告にはないものがほとんどで、カワネズミの生態の謎に踏みこむ大きな一歩だという印象を私はもっている」と。

今後のＭｋさんの研究が楽しみである。

余談だが、Ｍｋさんの研究の中間発表会では教員から、この溜め糞についての質問が集中して出され、それ以後、Ｍｋさんは**「糞の研究をしているＭｋさん」**という、Ｍｋさんにとってはあまりうれしくない呼び名をもらうことになった。

ということもあり、糞の話はこれくらいにして、………次は、渓流を上下に移動したり、水中で餌を捕らえたりする、少なくともトガリネズミ科の動物のなかでは独特な生活様式に適応したと考えられるカワネズミの特性についてご紹介したい。

じつは、Mkさんの修士論文のタイトルは「渓流水生への適応に着目したカワネズミ*Chimarrogale platycephala*の諸生態の分析」だった。

溜め糞（溜め尿）に関する行動も、渓流水生への適応性の断片だと思われるが、カワネズミの体に見られるいろいろな特性も、その適応性をよく示している

たとえば、下の写真を見ていただきたい。**水面に浮かんでいるときには、プクッ**としたその体が、**水中を移動するときはペッタンコ**になるのだ。けっして、最近流行りのダイエットのビフォー・アフターではない。

水面に浮かんでいるときは、体はプクッとふくらんでいる

そして、水中では前足でも後ろ足でも、毛がびっしり生えた（おそらくカエルなどで見られる〝水掻き〟の別バージョン）長い指がしっかり広げられている。推進力という意味ではとても効果的な構造だ。

Mｋさんは、陸上性のネズミであるアカネズミ（河川敷でも活動し、まれだが水辺を泳ぐこともある）を水槽で泳がせ、ビデオに撮り、**カワネズミの泳ぎと比較**した。両者の間での最も大きな違いは、アカネズミでは後肢は上下に動かされるが前肢はまったく動かされないのに対し、カワネズミでは、前肢後肢ともに力強く、後肢については大きな可動域をもって動かされる、と

水中を移動するときは体がペッタンコになる

いう点である。特に、後肢の動かし方は決定的に異なり、カワネズミでは、効果的に水を捕まえ後方へ押し出すように動かされるのだ。

いや、すばらしい。

水中への適応は耳にも見られた。

下の写真を見ていただきたい。外側から見ると耳介(じかい)は見あたらず、耳などないようにも見えるが、体毛の下をよく調べていくと、なんと立派な耳介をもった立派な耳が現われたのだ。ほとんどの哺乳類の頭部で耳がある部分を探り、表面の体毛の下に、耳の存在を示唆する、渦巻状になった体毛構造を報告した論文はそれまでにも一つ存在したが、さらにその下に、写真のような耳そのものを見つけたのはＭｋさんがはじめてだと思う。**偉い！**

渓流水生への適応性の最後の例は……… **〝尾〟** である。

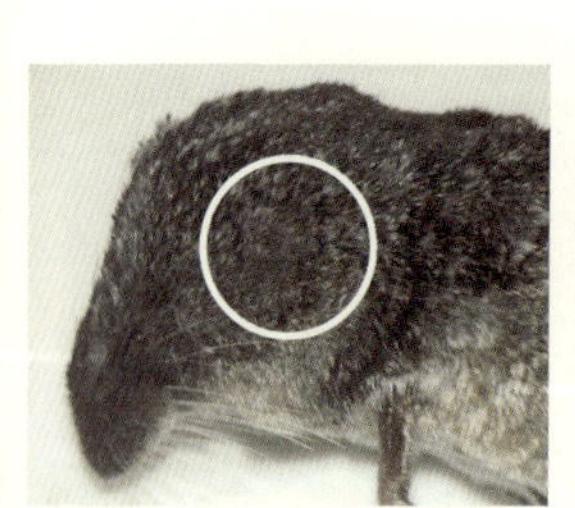
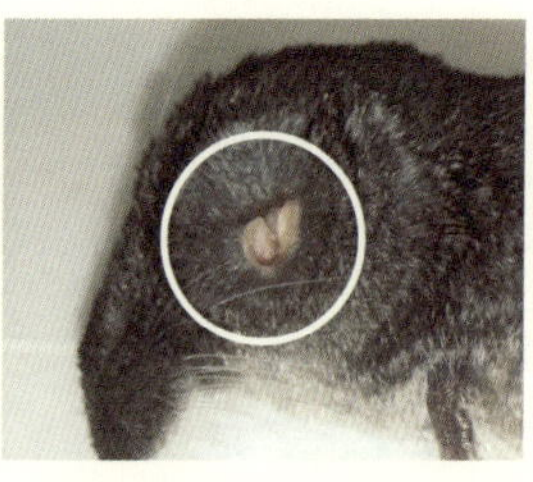
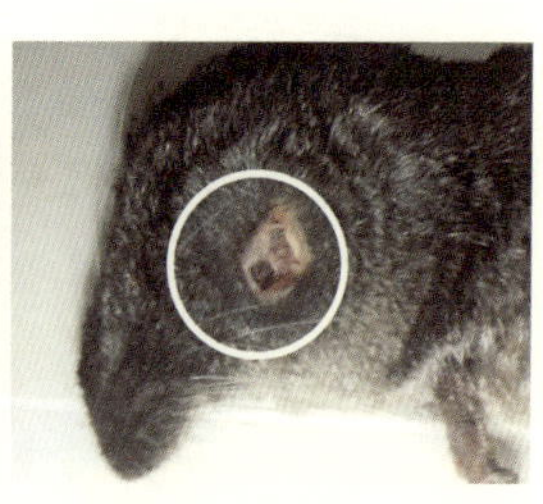

カワネズミの体毛の下に隠された、意外にも発達した耳。空気中や水中の音はしっかり感受でき、かつ、水は入らないようになった究極のデザイン!?（Mkさんの修士論文から許可を得て借用）

この点については、必ずしもMkさんはまったく同意しているわけではないが、私は結構、可能性が高い仮説として面白がって注目している。

再び下の写真を見ていただきたい。

カワネズミの尾は、トガリネズミ科のなかでは**断トツで太くて長くて硬い**。そして、容器の側面を登ろうとするときなど、写真のように、その硬くて太い尾を立てるようにして、あたかも第三の肢として使っているように見えるのである。カンガルーの場合と同じ感じだ。そして、カワネズミは、容器のなかでよく上方向へと連続してジャンプするのだが、そのときも尾が立って、体を支え上へ押し出す原動力を生み出して

カワネズミの尾は太くて長くて硬い。まるで第三の肢のようだ

いるように見えるのだ。

このような尾が、どうして渓流水生への適応なのか。

それは、こんな感じである。

渓流では、石が重なったような斜面をジャンプしながら上流へと移動しなければならない場面が頻繁にあると思う。その石は、乾いていたり、コケが生えていたり、表面を水が流れていたりするだろう。

そんな場面では、**尾＝〝第三の肢〟によってジャンプ力が増し、**カワネズミの移動を有利にするのではないだろうか。

さらに、これもＭｋさんが見つけたことであるが、カワネズミの尾は、**断面が四角に近く、**ほかのトガリネズミ科やネズミ科の動物とは異なり、**尾の裏側（地面に接する面）に毛が多い。**

この特性の理由としてＭｋさんは、「カワネズミは尾をほかのものに接触させて（断面が四角だと地面に接触する面積が広くなるし、さらに毛が多いと摩擦力が増して滑りにくくなる）、移動などのときの有利さを生み出しているのではないか」と考えている。

もし尾が接触するのが、渓流の傾斜の石だったとしたらどうだろう。

（四角で毛が多く太くて硬い）尾＝〝渓流水生への（特に渓流登攀（とうはん）への）適応〟という仮説も

まんざらではないと思うのだが。

この調子でお話しするとまだまだ続いて長くなるので、Ｍｋさんのカワネズミに関する研究の〝途中経過報告〟はこのへんにしよう。

では最後に、Ｍｋさんと、院生ではない、つまり三年生、四年生のゼミ生たちの、カワネズミをめぐる交流を描いて本章を終わりにしたい。

Ｍｋさんは三年生、四年生の後輩ゼミ生たちととても仲がいい。Ｍｋさんは、後輩がやっている卒業研究にも興味をもってふるまい、対象にされている飼育中の動物たちに餌をやったり、相談に乗ったりしている。後輩ゼミ生たちもＭｋさんのカワネズミに興味をもち、餌やりを手伝ったり、魚や水生昆虫などを捕ってきて、飼育・兼・実験用容器の水場水槽に入れたりしている。

以下の話は、**そんな交流のなかで起こった事件**である。

後輩ゼミ生のＮｋさん、Ｔｏさん、Ｍｏくんたちはよく、半分、Ｍｋさんのカワネズミのために、半分、自分たちの楽しみのために、大学の近くの川へ行って、岸辺に網を入れ水生動物を捕った。タカハヤ、カワムツ、カゲロウ・トビケラ・カワゲラの幼虫、サワガニ、ヌマエビなどである。

その日は、いつになく、たくさんの〝餌〟が捕れ、意気揚々と実験室にもどった彼らは、さっそく、獲物たちをカワネズミ（オオキサン）の飼育・兼・実験用容器の水場水槽に入れはじめた。そして、〝成果〟、つまりオオキサンが食べに来てくれるのを期待し、水槽を見ていたらしい。

そしたら、その日捕れた大きなドンコが、これまた大きなヘビトンボの幼虫（これはなかなか捕れない種類で、通常は川底にいてほかの水生動物を捕食するのだが、体をくねらせて浮上して泳ぐこともできる）をねらいはじめ、**ガブッと食べ、**………それから、なんと、ヘビトンボ幼虫の体を覆うトゲトゲの鎧(よろい)に口の内面を不意打ちされたのか、**すぐさまペッと吐き出したのだそうだ（傑作！）。**

ところが、話はそれで終わらなかった。それから数十分ほどして、その間、ドンコは、虎視(こし)眈々(たんたん)とヘビトンボ幼虫攻略法を考えていたのか、よほど腹が減っていたのか、再度、幼虫にか

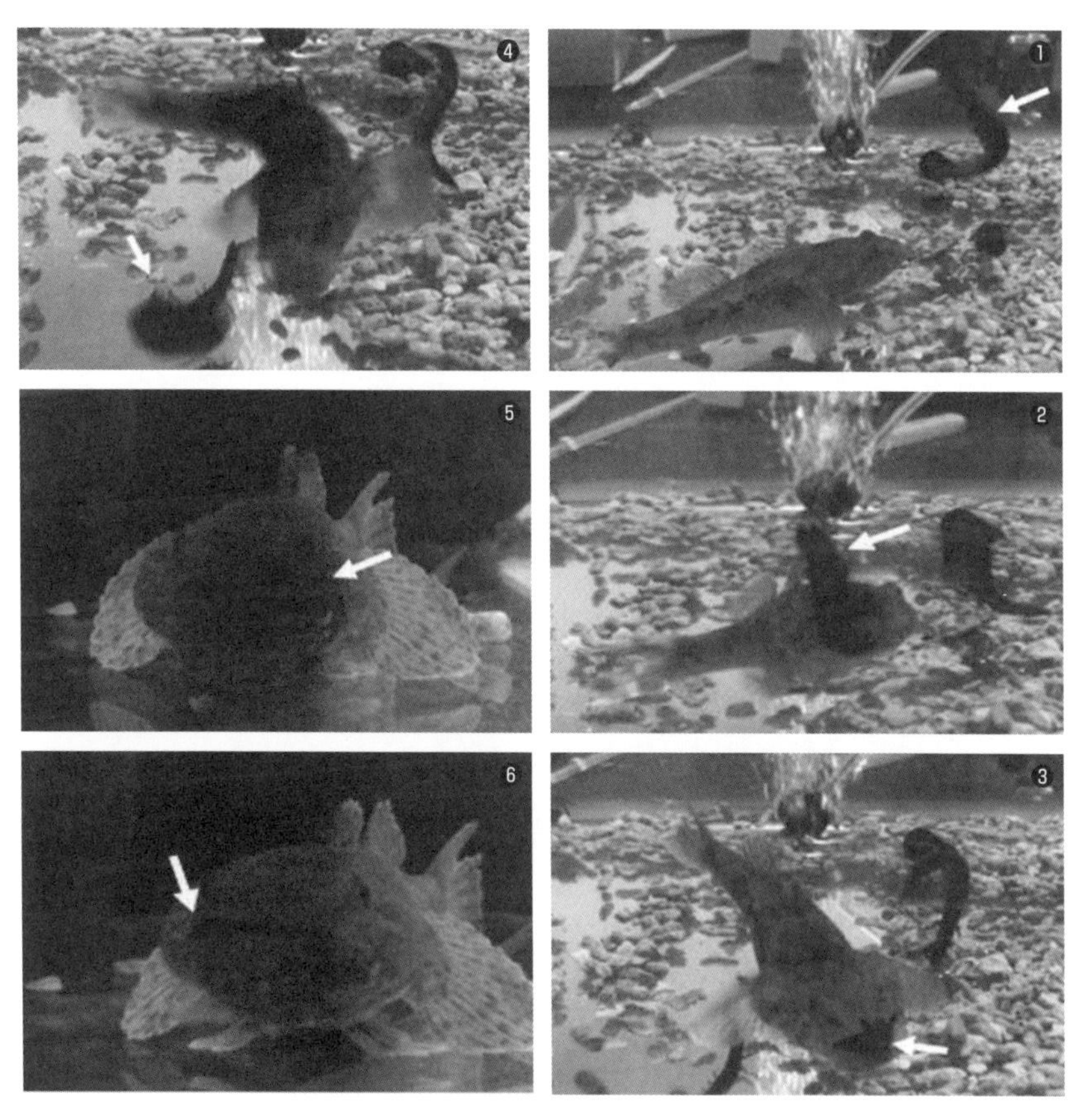

カワネズミの餌用に川から捕ってきたドンコが、大きなヘビトンボの幼虫（矢印）をガブッと食べ……(①②③)、すぐさまペッと吐き出した(④)。それから数十分後、再度かぶりつき(⑤⑥)、今度は完食！　そしてその後事件が……

ぶりつき、今度は、ゆっくりと食べてしまったのだ。

それはきっと面白かったにちがいない。彼らはなかなか見られないスリリングな光景を見て、いろいろ話をし、満足して帰路についたのだが、そのときにかぎって、ドンコなどの行動に心を奪われ、**大事な作業を忘れていたのだ。**

忘れていた作業、………それは、カワネズミの飼育・兼・実験用容器の水場水槽の蓋をもどすことであった。

そして、そうなるとどうなるか。

先生！シリーズのほかの巻を読まれたことがある方なら、思われるだろう。

「ああ、カワネズミが逃げてひと騒動あったのか。………シリーズの定番パターンだからな」と。

ところが、**今回の展開はちょっと違っていた**のだ。

次の日の朝、何も知らない私が実験室に行って目にしたものは、**ちょっと奇妙な光景**だった。

もともと、オオキサンの飼育・兼・実験用容器のそばには、新しい個体が捕獲できたらすぐに入れることができるように、同じ構造の容器が置かれており、そこからのびるホースの先は、オオキサンの飼育・兼・実験用容器の近くまで達していたことは以前から知っていた。

しかし、その朝は、なかに何もないその新しい容器の底を、**何やらぎこちなく動きまわるカワネズミ**がいるではないか。いかにも、**外へ出してーー、外へ出たいよーー、**みたいな感じで………。ちょっと疲れた様子もうかがえた。

私は思ったのだ。**いったい、この子はなんなのか？** なんでこんな状態で、容器のなかにいるのか？

考えられることと言えば、Ｍｋさんが新しいカワネズミを捕獲し、なかへ入れた………？でもＭｋさんなら、こんな、水もない、餌もない、隠れるところもない、そんなところへ入れたままにしておくはずはない。

ひょっとしたら、急いでなかへ入れて、何か用事があって、今、その用事をしていて間もなく帰ってくるとか………。ちなみに、そのときは、なぜか、オオキサンの容器の蓋が開いていることに気づいていなかった。

私は、とにかく、ずっとこのままにしておいたら新容器のカワネズミは命が危なくなる、なんとかしなければ、と思い、とりあえずＭｋさんに電話した。Ｍｋさんはすぐに電話に出た。

私の説明を聞き、Ｍｋさんは呆気にとられた様子だった。新しい個体を捕獲してはいないこともはっきりした。

そして、Ｍｋさんは尋ねてきた。

「オオキサンはいますか？」

そこではじめて私はオオキサンの飼育・兼・実験用容器の全体をマジマジと眺め、水場水槽に蓋がされていないことに気がついた。

でも、………だ。仮にオオキサンが水場水槽から外へ逃げたとして、どうして空の新容器に入ったりするのだ。高い位置にあるその新容器に入るためには、水場水槽から少し離れたところにあるホースの口に飛びついて、ホースのなかを登るように進まなければならない。

それはあり得ない。外へ出たオオキサン

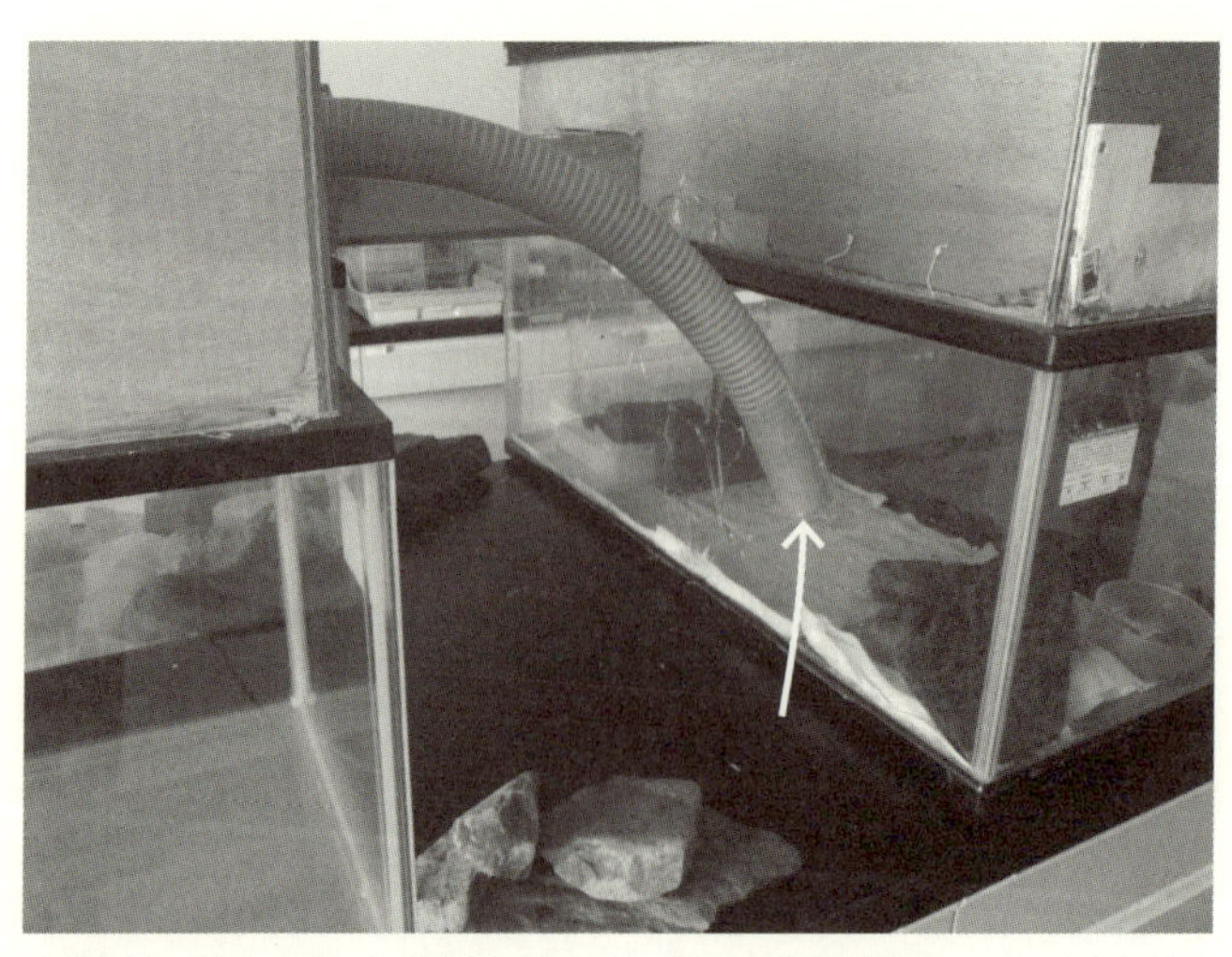

オオキサンが入っていた新容器（左）と、そこからのびるホース。オオキサンが新容器に入るためには、矢印のようにホースの口に飛びついて、なかを登らなければならない

がなんでわざわざそんなことをするのか。

やがて、Ｍｋさんも大学へ来て二人で話し合ったのだが、結局、**「不思議だ」**ということで話は終わった。

Ｍｋさんは新容器のカワネズミを網で捕まえて、それがオオキサンであることを確認し（私にはわからないがＭｋさんにはわかるのだ）、もとの飼育・兼・実験用容器にもどしてやった。オオキサンは大急ぎで水場を泳ぎ、避難所であるホースのなかに飛びこんで、しばらく出てこなかった。

客観的に考えて「水場水槽から飛び出たオオキサンが自分で新容器に入った」ということなのだろう。オオキサンのことだ。そんな、ちょっと信じられないこともありうるのかもしれない。

いろいろな、カワネズミやヒトの事件を繰り返しながらＭｋさんの研究は今も続いている。そして、本書が出版されるころには、いちおうのまとめの論文はでき上がっているだろう。

カワネズミのオオキサンが大きなタカハヤを捕獲したところ。
読者の方は、カワネズミは、こういった魚の捕獲がうまいにちがいない、と思われるだろうが、じつは、あまりうまくない。
この写真のときも、水槽のなかで追いまわして追いまわして、タカハヤが疲れたところをやっと捕まえた

ちょっと追加。

カワネズミの里の人たちとMkさん

これがなかなか面白くもあり、ほっこりもするのだ

前の章では、Ｍｋさんによる、幻の渓流獣カワネズミ研究の奮闘について書いた。
そうなると、……ちょっと**私の心は、ムズムズ**してくる。

というのも、カワネズミの研究の合間にＭｋさんから聞いた、カワネズミの里（Ｍｋさんが研究の野外フィールドにしている渓流の下流の集落を私はそう呼んでいる）の人たち、特におばあさんやおじいさんたちとの〝交流〟の話が、**モクモクと脳に広がってくる**からである。

Ｍｋさんのカワネズミの研究は、カワネズミの里の人たちと切っても切り離せない、とさえ言えるかもしれない。

たとえば、こんな感じだ。

最近、カワネズミの里のおばあさんたちが、Ｍｋさんがペット店で、餌としてコオロギ（外国産のフタホシコオロギ）を買っていると聞き、コオロギだったらそのへんにいるだろ、という話が広がり、おばあさんたちは畑で仕事をするとき、今までは気にもとめなかったコオロギ（そらそうだろう、害虫でも益虫でもないのだから）を捕るようになった。捕ってＭｋさんに渡してくれるのだ。おばあさんたちはおばあさんたちで、コオロギ捕りに熱中するようになり、張り合いができたようだ。かなり腕を上げてきているという。……**いい話だ。**

カワネズミの里は、大学から車で一時間半くらいの集落であり、Ｍｋさんはその集落のなかの古民家を、友人のＡｓさんとシェアして借りている。Ｍｋさんは、大学とフィールドと家（古民家）と、そしてカワネズミの里に隣接したバイト先（シカの解体工場）とを行き来しているのだが、そのなかで、私に表現させると、集落の人たちに〝愛されて〟、忙しく暮らしている。

Ｍｋさんが話してくれた、たくさーーんの話のなかから、全部とは言わないので、是非、少しだけ聞いていただきたいと思うのだ。

まずは、先の「畑のコオロギ採集」開始事件を引きついで、おばあさんたちの話から始めよう。

一昨年の春、Ｍｋさんは、渓流の上流でのカワネズミの調査から車に乗って家へ帰る途中、事故を起こした。私も何度かその場所は見たが、特段、危険そうな場所ではなかった。きっと連日の、アルバイトとカワネズミの調査で疲れていたのだろう。

ハンドルを切り損ね、谷川にかかる橋のたもとの突起物に衝突し、車の前面はへこみ、かなり損傷した。

　それでもなんとか道へもどり、きしむ音をたてて進む車を運転して家まで帰ってきた。

　さすがのＭｋさんも（谷にではなく心理的に）落ちこみ、二階に上がって、いつもは開けている窓を閉めて布団にもぐりこんだ。

　そして、おばあさんの何人かは、車に損傷を負って山から下りてきたＭｋさんを見ていたらしいのだ。


　しばらくして携帯電話の着信音が鳴った。Ｔｇさんからだった。

　Ｔｇさんは、七〇代の男性（まずはおじ

「カワネズミの里」に似た集落の写真。「カワネズミの里」をそのまま掲載すると、場所が、そして登場人物がわかってしまうので、その集落に似た、鳥取県以外の県の集落の写真を載せている。「カワネズミの里」の雰囲気はこんな感じである

いさん）で、集落の、というよりその地域全体の、親分的存在であり、Ｍｋさんを娘か孫のように思って気にかけてくれていた。

Ｔｇさんは、いつもの、しわがれ声のＴｇ節で言った。

「おまえ、大丈夫か。生きとんのか。**おまえの家の前、やばいことになっとるぞ**」

Ｍｋさんは落ちこんだ心で対応し、一方で、「やばい」こととはいったいどんなことか不安に思いながら、いちおう、服を着替えて、一階に下りていき、玄関の戸を開けた。

すると、玄関の前には（そこはちょっとした広場になっている）、**たくさんのおば**

Mkさんがカワネズミ調査の帰りに車の事故を起こした現場近くの川

あさんたちが集まっており、玄関から顔をのぞかせたMkさんを見て、**「あー、生きている」**と誰かが叫び、集団から**歓声があがった**という（なんか、風の谷のナウシカのなかのおばあさんたちみたいな………）。

あとでわかったことだが、それまでに何度か車の事故未満や谷川での危険行動未満を目撃されていたMkさんゆえに、半端ない車の破損状況を見たあるおばあさんが「今度こそ大事（おおごと）かもしれない！」と、たいそう心配されたらしい。そしてその心配が、**強力なおばあさん連絡網で広がった、**ということだったのだ。一方で、思慮深いおばあさんたちは、どかどかなかに入っていくのも躊躇され、家の前で心配しながら様子を見ていた、ということだったらしいのだ。

Mkさんを見ていると、そのときの情景が目に浮かぶようだった。**いいね。**

そんなおばあさんたちとは次のようなふれあいもあった。

Mkさんはカワネズミの調査から車で帰る途中だった（多分、何かに追突しないように注意しながら………）。

夕闇迫る杉林のなかを縫うようにして走る、いつもの道だった。

そんなとき、前方に、大きな黒い塊が見えた。

「なんだろう？」

ほどなくして、それがシカであるらしいことがわかった。

「ほんとにシカ？」

「シカならなんで逃げないんだろう？　死んではいないようだし……」

そんな気持ちで近づいていくと、それは確かに、雌の成獣だった。

雌ジカが、首を体にくっつけるようにして時々動かしながら、でも道のど真ん中にどっかり座って立ち上がる様子もなく、いたのだという。

うつろではあったが、目も開けており、明らかに生きている。

「こんなところにいたら車にはねられてしまう」

Ｍｋさんはもう反射的に助ける態勢に入っていた。

シカの体を持ち上げて車に乗せようとした。**でも重い！**　車のそばまでは引きずっていったが、とても持ち上げられない。

そんなとき、前方から車がやって来た。

やばい、早く移動させなければ、と思い焦っていたら、車のなかから中年の男の人が降りてきて、事情を聞き、**「手伝ったるわ」**と言ってくれた。そうして、やっと二人でシカをMkさんの車（ジムニーのトランク）に乗せることができたのだ。

家までの道中、車の揺れが刺激になったのか、それまで自分から動く気配がなかった〝うつろ〟シカは、トランクで何度か立ち上がろうとしては倒れ、Mkさんは車が早く家に着くことを願ったという。

家では、ハウスシェアしているAsさんの助けも借りて、シカを降ろした。シカは、**自力でよたよた歩き、誘導に素直にしたがって、玄関に入ってきた。**

Mkさんは急いで玄関の一角に毛布を敷いて、〝うつろ〟シカのスペースをつくり、シカを座らせようとした。シカは、体にさわられることを特に嫌がるでもなく、Mkさんに背中や脚をやさしく押され、静かに座ったという。

寒さ対策として、体には、頭部だけが出るような状態で毛布をかけてやり、近くにストーブを置いてやった。

依然として、**〝うつろ〟シカの目はうつろ**だった。

〃事件〃に敏感な周辺のおばあさんたちが、Ｍｋさんの家に集まったのは、その日の夜だった。**独自の連絡網が作動**したのだろう。

おばあさんたちは、毛布から頭部をニョキッと出して、お地蔵様のようにじっとしている〃うつろ〃シカを見て驚き、Ｍｋさんに何があったのかいろいろ聞いたという。

そして次の日から、おばあさんたちは、シカが大丈夫かどうか見に来るようになった。

片手に、それぞれの家で採れた白菜やキャベツなどを持って。

Ｍｋさんの適切な処置もあり、幸い、〃うつろ〃シカは、少しずつ元気になっていった。もう〃うつろ〃シカではなく〃シャキッと〃シカになっていた。

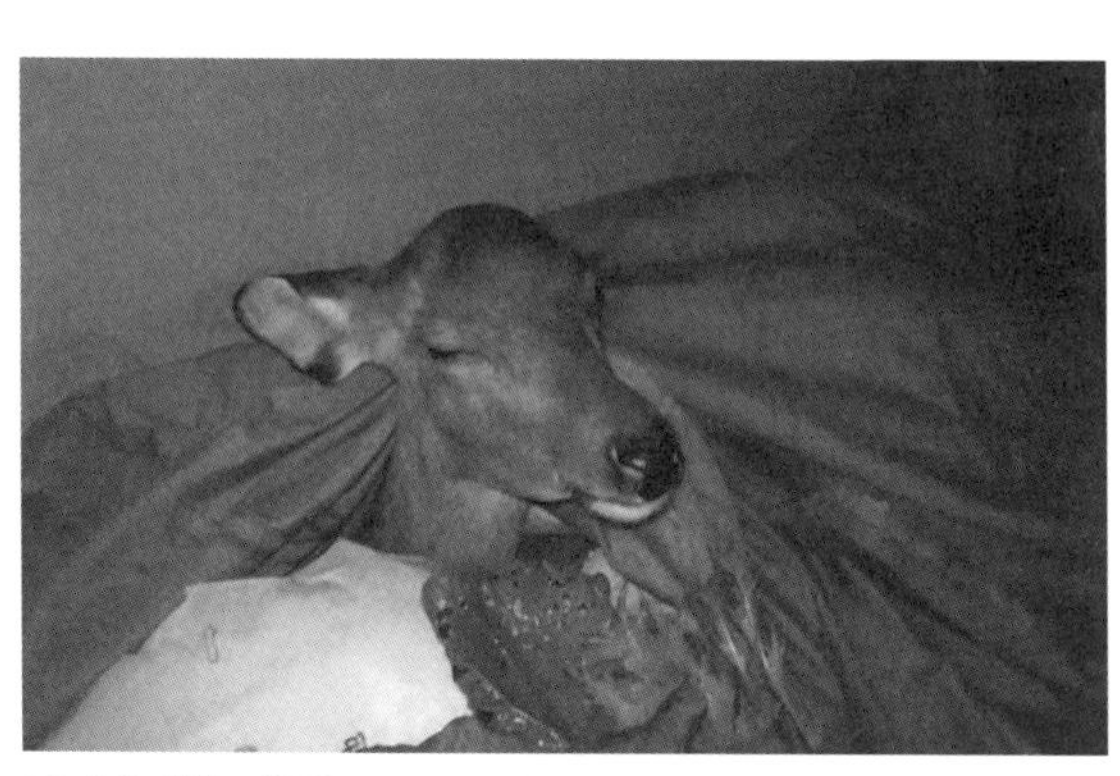

Mkさんが道で保護したシカ。家へ連れ帰り玄関の一角に毛布を敷いてやり、体にも毛布をかけてやった

おばあさんたちも、元気になっていくシカの姿を喜んだ。
シカには「デコ」という名前がつけられた（おでこが広いから）。

今日、日本では（アメリカやヨーロッパでも同様の現象が起こっていると聞くが）、シカによる森林や農地での食害が問題になっている。

この問題には、「人の手入れ不足による山の緑の増加（ササや灌木などが繁茂しシカの餌が増えている）」や「狩猟の減少」「里山の過疎化」など、複数の原因が関与していると思われるが、それらの原因のなかで一つ、間違いなく言えることは、「地球温暖化」だろう。

地球温暖化といっても、地球全体が一様に温度上昇するわけではない。トータルとしては確かに温度は上がっているのだが、ある地域では激しい降雨や大型ハリケーンの増加、ある地域では高温と砂漠化の進行、といった具合に、いわゆる異常気象と言われる変化が起こっているのである。

一方、冬、山の積雪量は、年による変化を繰り返しながらも、大筋では減少している。温暖化で、雨が凍らず雪にならないこともその一因だろう。

温暖化前は、冬、深い雪のなかで死亡していた子ジカや成獣が、比較的容易に越冬できるようになったのだ。

積雪が多い年に山に入ったとき、しばしば、雪のなかで動きの鈍くなったシカを見ることがある。シカは、腹まで積もった雪のなかでは素早い移動ができず、ゆっくりゆっくり私から離れるように山の斜面を登っていった。

温暖化が進行する前は、ニホンジカが生息する地域では、毎年、一定以上の雪は降り、こういった場面が繰り返されたのだろう。それでなくても餌に乏しい冬である。採食もままならず、寒さが体力を奪っていく。

かといって積雪が比較的少ない平野（里山）に下りていくことはできなかった。そこにはた

大雪のなかのシカ。腹まで積もった雪のなかを、ゆっくりゆっくり山の斜面を登っていった

くさんのホモ・サピエンスがいたからだ。

そんな状態から温暖化はどんな変化をもたらしただろうか。

まず、山の積雪が減少し、雪に移動を抑制されることが少なくなった。死ぬ個体も少なくなった。さらに、里山のホモ・サピエンスが少なくなった（若いホモ・サピエンスが都市部へ移動していった）。シカにとっては、里山で、ホモ・サピエンスが育てた植物（野菜）を食べやすくなったのだ。

それが、現在の、シカによる森林や農地での食害の問題の原因の一つとなっている、というわけだ。


カワネズミの里の農家の人たち（おもにおばあさんたち）も、**精魂傾けて育てた作物を食べるシカにはとても困っている。**だから、おじいさんたちが、檻型の罠を仕掛けたり、鉄砲でねらったりしている。

Mkさんがアルバイトをしているシカ解体工場は、そうやって手に入ったシカを集めて運営されている。

つまりだ。おばあさんたちもシカに怒っているはずなのだ。

ところがだ。

そのおばあさんたちが、衰弱して動けなくなった〝うつろ〟シカと面と向かった結果、**元気になることを願いはじめた**ということだ。家から白菜などの野菜を持ってきて与えるのだ。

〝うつろ〟シカ「デコ」は一週間ほど、Ｍｋ邸の土間で養生し、元気になり、ある日、玄関を出て、野生に帰っていったという。ただし、それから数日後、「Ｍｋ邸の近くにある、畑を囲む防獣網にシカがからまって動けなくなっている」という話がＭｋさんのところに（おばあさん連絡網を通じて、か、どうかはわからないが）届いたらしい。Ｍｋさんは**「もしや！」**と思い急いで畑に行ってみた。

「デコ」ではなかった。

いつもならシカ解体工場に送られるケースだが、そのときは、Ｍｋさんやおばあさんたちは、網を切ってシカを逃がしてやったという。

Ｍｋさんは、そのとき、**おばあさんたちの気持ちがうれしかった、**と述懐するように私に話した。

いいね。

〝おじいさん〟も負けてはいない。

Ｍｋさんのまわりには、ユニークなおじいさんがたくさんいる。

Ｍｋさんが車で事故ったとき、真っ先に、「おまえ、大丈夫か。生きとんのか。おまえの家の前、やばいことになっとるぞ」と電話をくれたＴｇさんもその一人である。

Ｔｇさんが、カワネズミの里の親分的存在で、Ｍｋさんを娘か孫のように思って気にかけてくれていることはすでに述べた。Ｍｋさんもその親分的なＴｇさんを頼りにしており、困ったときには相談することもあるという。

高齢ではあるが、その体力と知力は誰もが、「親分」と認めるところなのだそうだ（私も一度、会うというか見たことはあった。確かにオーラは出ていた）。Ｍｋさんによれば、Ｔｇさんは「かっこいい」のだ。

そのＴｇさんをめぐっては、伝説的なほんとうの話もたくさんある。そして、そのなかでも私が心を揺さぶられた話のなかに**「Ｔｇさん、クマの歯事件」**がある。

そのときＴｇさんは、数日前から肩のひどい凝りを感じ不快でならなかった。そして思った。

「きっと、前歯のせいだ」

なぜそう思ったのか？　それはわからない。Ｍｋさんも理由は聞かなかったのだ。とにかくそう思われたのだろう。

そして、次の決断をされた。

「前歯を抜こう」

思い立ったら行動は早い。Ｔｇさんは町の歯科医院に行って医者に頼んだ。

「この前歯を抜いてくれ」

私の予想だが、医者は、頼まれた、というより脅されたと感じたのではないだろうか（Ｍｋさんの話からするとＴｇさんの口調はほんとうにそんな感じだという）。

その証拠（？）に、医者は、即座に前歯を抜いてくれたのだそうだ。

ただし、抜いたあと医者は（恐る恐る？）次のように言った。

「この歯を抜いたのでいよいよ前歯が一本だけになりました。こうなるともう残ったこの一本もぐらぐらになりやがて抜けてしまうでしょう」

「どうしてそれを早く言わん！」と怒られたかどうかは知らないが、とにかくＴｇさんの前歯は、病院に行ったときにはすでに二本抜けており、そのとき一本抜いたことにより、前歯が一本だけ残る形になったのだそうだ。

そりゃ困る。Ｔｇさんはそう思い、「抜けないようにしてくれ」と頼んだ（今度はほんとうに頼んだのかもしれない）。

それに対し、医者が提案した方法は……、

「残っている歯の両側にプラスチックの義歯を差し歯にして立て、支えにする」

であった。

その提案に対してＴｇさんはどうしたか？

Ｔｇさんは、その提案を、はっきりとした、**ある理由から拒否**した。

そして、その理由というのが**「プラスチックは体によくない！」**というものだった……。

Ｔｇさんはプラスチックの人体への影響を懸念されていたということだ（さすが親分。環境問題へも造詣が深いのだ）。

でも、一本だけ残った前歯をそのまま残しておくわけにはいかない。Ｔｇさんはひとまず家に帰り、いろいろと考えられたのだろう（いや、即決だったかもしれない）。

Tgさんは次のように考えられたのだそうだ。

「人と同じ哺乳類の歯なら害はないだろう」

そして選んだ〝哺乳類〟は、……**クマ（！）だった。**

猟の名手でもあるTgさんの家には、Tgさん自身が狩ったツキノワグマの頭骨がたくさん置いてあった。

その頭骨のなかの一つから歯二本を抜くと、それを持って歯科医院に行った。

そして言ったのだ。

「プラスチックの代わりにこれを使ってくれ」

みたいなことを。

ところが返ってきた返事は、

「できません」

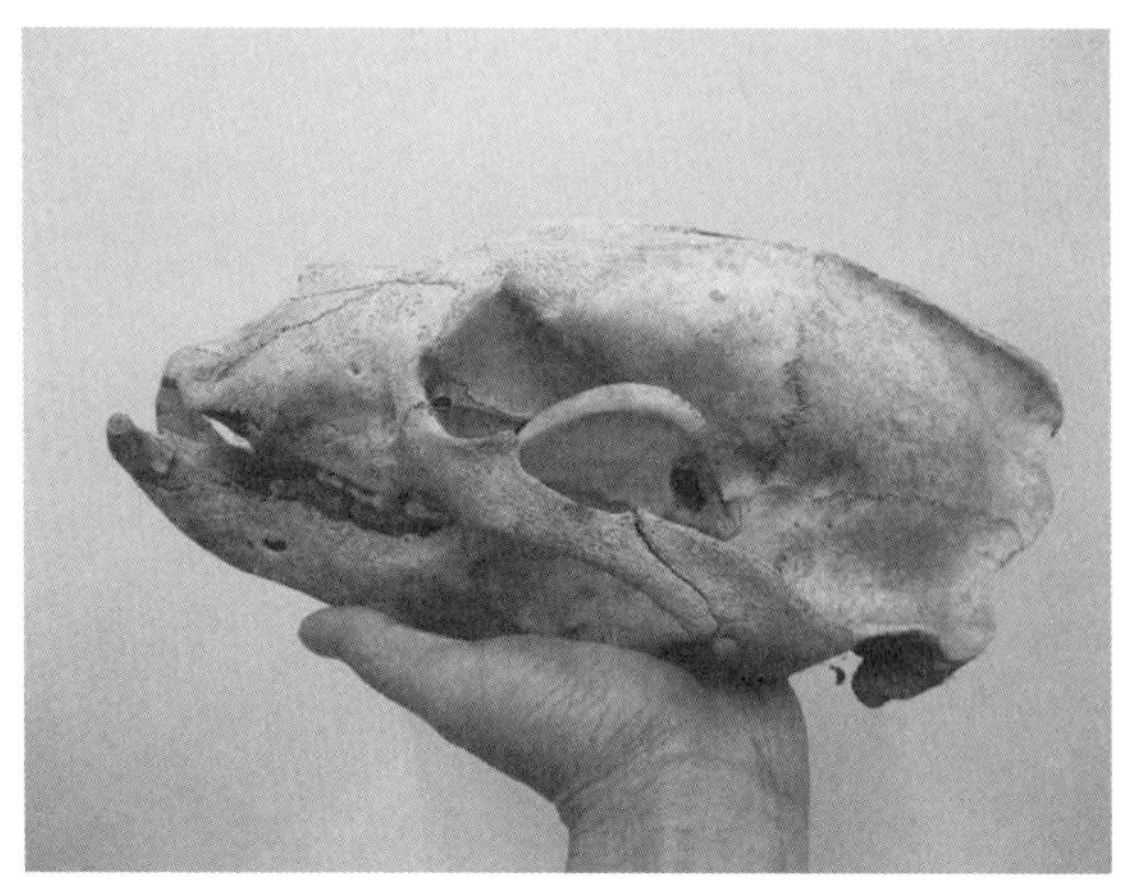

Tgさんが狩ったツキノワグマの頭骨。Tgさんの家にはこんな頭骨がゴロゴロある

だった。当たり前だろう。

その後、どんなやりとりがあったのかは知らない。

………話がこのあたりまでくると、Ｍｋさんも私も笑い転げていた………。

いずれにしろＴｇさんの**「前歯をクマの歯で代用する」**という注文はかなわなかった。当たり前だろう。

今のところ、取り残された一本の前歯は、頑張って残っているという。これまでもＴｇさんは常人の一般的な常識を超えることを実現させてきた。〝取り残された一本の前歯〟も、残りつづけるかもしれない。


Ｙｒさんの話も面白かった。

カワネズミの里の人気者のＭｋさんはいろんな人から〝招待〟の声がかかる。

「シカ肉をたくさんもらったから焼肉パーティーじゃ。来い」とか、「アカニカ（この地方ではスズメバチのことをこのように呼ぶことが多い）の子（幼虫のこと）が捕れたから食べに来い」とか……。

ちなみに、このとき誘われた焼肉パーティーは、行ってみたら、確かにシカ肉はあったが、シカ肉より牛肉のほうがうまいからと、町のスーパーから大量に牛肉を買ってきて焼いていたという。「結局、何でもいいから何かにかこつけて焼肉パーティーをしたかったということなんだ」と笑って話してくれた。

アカニカの幼虫で誘ってくれたおじいさんＹｒさんは、Ｍｋさんが家に行くと「今年はじめて巣を見つけたから、オマエに食べさせてやろうと思って佃煮にしたけー」とご機嫌で迎えてくれた。Ｍｋさんは正直なところ虫はちょっと苦手だったが、食べないわけにもいかない。「食え」「食え」と繰り返しすすめられ、何匹も（！）食べたという。でも、ハチの子の味というより、佃煮特有の味がして美味しかったという。

あるときＹｒさんが入院された。日ごろから病院通いをされているのに、飲食も含め自由奔放な生活を続けられたのがよくなかったのかもしれない。Ｍｋさんが心配して見舞いに行くと、**「わしゃ、もうだめだ」**と何度も言った。ただし、その言葉が本心ではないことは、Ｍｋさんが二回目に見舞いに行ったとき明らかになった（と、Ｍｋさんは言う）。**「わしゃ、もうだめだ」**と言いながら、他方で、**「今度、これを買うことにした」**と言って、ランドクルーザー

（！）のパンフレットを見せたのだ。「絶対、死ぬ気、ないわー」「遊ぶ気、満々」、Ｍｋさんの言葉に合わせて私も笑った。

Ｏｇさんは立派な人だ。

Ｍｋさんは時々Ｏｇさんのところでアルバイトをしている。

Ｏｇさんは大工の仕事をやっておられ、以前は一〇人近い従業員のいる会社を経営されていたという。でも連帯責任者になっていた知人の会社が倒産し、Ｏｇさんの会社も閉鎖に追いこまれた。

多額の借金を負うことになったＯｇさんは、自宅も売り、従業員に退職金を渡した。でも、取引先などの会社や知人に迷惑をかけるからという思いで、自己破産はせず、一人で小さな仕事を続けた。少しずつ借金を返済し、残りの返済額はわずかになっているという。

そんなＯｇさんも、どうしても助けが必要なときはＭｋさんにアルバイトを頼んだ。Ｍｋさんと仕事をするのが楽しいのではないだろうか。話を聞いていて私は思った。

ちなみにＭｋさんは、大工仕事が………うまい。

カワネズミの飼育・兼・実験用容器も、ホームセンターから木材やホースなどを買ってきて、見事な加工を施してどんどんつくっていった。

繰り返しになるが、日本でも、世界でも、カワネズミ類の研究報告はとても少ない。飼育もとても難しいと言われている。でもＭｋさんは、野生での自動感知カメラでの撮影や、実験個体の飼育を見事にこなし、次々と新知見を見出している。

動物が好きで動物への思いやりが半端ではない、そして思ったような装置を自力でつくる力があるＭｋさんならではの成果ではないかと（天狗になるといけないので本人の前では言わないが）率直に私は思っている。

Ｏｇさんが Ｍｋさんにアルバイトを依頼するのも、そんなＭｋさんの力を知ってのことだろう。

あるとき、Ｏｇさんは、「Ｍｋが、カワネズミの餌としてミールワームを与えているのだが、店で品切れになり困っている」と聞き、生きた**ミールワームが数十匹入ったパックを、一〇〇パック（！）**くらい買って持ってきてくれた。

確かに、ミールワームは〝魔法の虫〟で、水分がないパックのなかで数カ月も生きている。

飼育している四匹のカワネズミの食欲を考えると、それくらいいても、とは思わなくはないが、やっぱりちょっと多すぎる。

あとでＯｇさんから私が直接聞いた話によると、Ｏｇさんは、Ｏｇさん御用達の店で無理を言って早期の取り寄せを頼んだのだが、Ｏｇさんが**「一〇パックほど」**と言ったのを店員さんが、何を間違えたのか**「一〇ダース」**と勘違いしたらしいのだ。

実験室で、パックが数十個ずつ詰められたたくさんの段ボール箱を見たときは、私も驚いた。

そんなＯｇさんは、仕事場へは、早起きして自分でつくった弁当を持ってくるのだそうだ。栄養バランスも考えた、美味しそうな弁当なので、一度、Ｍｋさんが弁当をほめた。そしたら、次の日からＭｋさんの分

OgさんはMkさんのために、カワネズミの餌のミールワームを注文してくれた。なんと、その数、数十匹入りパックを100パック!!

までつくってきてくれるようになったという。

Ｍｋさんが喜んでお礼を言っていただき、味をほめると、次はもっと豪華な弁当がつくられた！

そんな話をしてくれるＭｋさんの表情を見ていると、Ｍｋさんはほんとうに０ｇさんのことを尊敬しているのだなーと感じる。

０ｇさんは、あるときＭｋさんに「これからの人生、人のために役立つことをしたい」と言われたそうだ。おそらく、そんな思いからだろう。自分のもっている技術を生かして、ボランティアで、地域の人たちを助ける作業を楽しみながらされている。たとえば、ポニーを飼育して子どもたちに乗馬体験を提供している団体の飼育舎の傷みを直したり、水に不便している山間のお年寄りの家の庭に井戸を掘ったり……。

いい話だ。

さて、**あげればキリがない**ので、最後にＭｋさんの家の裏に住んでおられるＡｂさんの話をして、「ちょっと追加。カワネズミの里の人たちとMkさん」（〝ちょっと追加〟じゃなくなったが）を終わりたい。

カワネズミの里には、Mkさんのファンクラブのようなものもあって、メンバーは、特に理由もないのに電話をする。

「Mkちゃん、元気か。特に用事はないんだけどな――」……みたいな具合だ。

Mkさんはしっかりと話につきあう。

追っかけのようなおじいちゃんもいる（けっしてストーカーではない）。

Mkさんが夜、帰宅し、部屋の明かりをつけると、時々裏の家のおじいちゃんがやって来るという。

そしてそれからしばらく、おじいちゃんの一日の出来事が語られ、Mkさんはその話にも笑顔でつきあうのだ。

ただし、おじいちゃんの話が長くなると、そこはよくできたもので、おじいちゃんの奥さん、つまりおばあちゃんが携帯電話をかけてくる。

「しつこいとＭｋちゃんに嫌われるよ、早く帰ってきな」

イエローカードが発されるのだ。

たいていは、おじいちゃんはしぶしぶそれに従うのだそうだが、時には、敢然とおばあちゃんのイエローカードに抵抗することもあるという。

「はい、わかりました」と言って電話を切り、その後で、**「黙っとれ。うるさいばあさんじゃ！」**とかなんとか、Ｍｋさんの前でかっこよくふるまうのだそうだ。

いずれにせよ、おじいちゃんが抵抗したときは、続いておばあちゃんの**レッドカードがやってくる。**Ｍｋさんの表現では、「おばあちゃんがおじいちゃんを回収に来る」のだそうだ。あわれ、おじいちゃんは回収されて家に連れもどされるのだ。

Ｍｋさんはそんなおじいちゃんとおばあちゃんのやりとりを、笑いながら私に話してくれる。ほほえましく感じているようだ（私は感心するほかない）。

最近、そのおじいちゃんが、Ｍｋさんのアルバイトの仕事をつくってやろうと、昔とった杵柄で〝鉄工所〟を復活させたという。いつものＭｋさんのアルバイト先が休みになることもあるのだ。

おじいちゃんは依頼先からの注文にそい、パソコンでさっそうとＣＡＤ（設計には必須のソフトで、建築やデザイン系の大学の演習では必ず使う）を立ち上げ図面を書くのだという。仕事があるときは朝早く起床し、Ｍｋさんの家の玄関の戸を叩き、二階から下りてきたＭｋさんと車に乗って仕事場へ行く。

おばあちゃんは、「朝早くから起きて弁当をつくらにゃならん。急に仕事をまたやりはじめたりして、Ｍｋちゃんと一緒にいたいからだろう」と、おじいちゃんに言うのだそうだ（ちょっとご機嫌ななめ）。でもおばあちゃんもＭｋさんにはやさしいのだ。

日ごろからＭｋさんのカワネズミの研究に興味をもち、一緒に仕事をしながら、Ｍｋさんの説明をだんだん吸収していき、Ａｂさんの口からは、「進化」とか「自然淘汰」といった言葉も出てくるという。

すばらしい。

そして、じつは、Ｍｋさんのカワネズミの研究に興味をもつのはＡｂさんだけではなく、カワネズミの里のおじいさん、おばあさんの多くが関心をもつようになっているらしい。

一度、カワネズミの飼育・兼・実験用容器が設置してある大学の実験室に、おじいさんたち、おばあさんたち、そしてお孫さんたちが来られた。

私は、Mkさんから、実験室に入って見てもらってもいいでしょうか？　という相談があったので、いちおう、私が別室に控えておくことにして許可した（ほかにもいろいろ動物や機器があるので）。

室内のいろいろなものを見学されて楽しまれたらしい。そりゃあ、大学の実験室など見る機会はないから新鮮だったにちがいない。

そんなこともあり、Mkさんは、将来、カワネズミの里を、カワネズミを通して自然を楽しく学べる地域にしたいと考えている。**カワネズミをきっかけにして、地域を元気にしたい、**というわけだ**（いいことだ。私も応援したい）。**

だからMkさんは、カワネズミのことをもっともっと知りたいのだ。

オシマイ

巣内に侵入したヘビに対する
モモンガ母子の行動

●×△しないのかよ！
でもそれが生物の懸命な生きざまなのだろう

二〇一八年四月のはじめ、私は鳥取県智頭町（ちづちょう）芦津（あしづ）のニホンモモンガの森にいた。その年、三度目のモモンガの調査だった。

ハシゴを上り、スギの木の、地上六メートル地点に取りつけた巣箱を一つひとつ点検していくのだ。もう一〇年近く続けてきた。

ただし、二〇一八年はじめの調査は、**一つの明確な目的**をもっていた。

「生後数週間以内のまだ目が開いていない子とその母が入っているモモンガの巣箱を見つける」という目的だ。そんな状態の母子の巣箱を見つけ、子が幼い時期の、巣箱内での母子の相互作用や、巣穴内にヘビが侵入したときの母子の行動について調べる計画を立てていたのだ。

かつて、8匹もの子を出産したゴッドマザーに出合ったこともあった

一〇年近い調査の間には、そういった母子が入った巣箱や、まだ親離れこそしていないが四肢もしっかりして巣箱から出て外歩きをするくらいの子どもと母が入っている巣箱など、いろいろな成長段階の子と母の巣箱に出合ってきた。

ただし、それはたいていが偶然の出合いであり、「生後数週間以内のまだ目が開いていない子とその母が入っているモモンガの巣箱」という、特定の成長段階の子モモンガがいる巣箱をねらうとなると、これがなかなか出合えないのだ。

一回目、二回目の調査はからぶりだった。

三回目の調査では、標高が比較的低いところ（約六〇〇メートル）にある調査地の巣箱から調べはじめた。近くに車を止める場所があり、その場所から、小川

目が開いて間もないころのニホンモモンガの子

にかかる小さな橋を渡るとその調査地があった。

そこは私がはじめて、芦津渓谷の森でニホンモモンガと出合い、研究の出発点になった場所であり、小道の両側に、両手で抱えても左右の指がふれあわないくらい太い幹のスギ（智頭杉あるいは沖ノ杉と呼ばれる幹がしっかりした良質のスギ）が凛として立ち並んでいた。

そしてそのスギ林は、ミズナラやイヌシデ、ブナなどがまじった自然林と接しており、スギを主食とし（樹皮は巣材としても使用する）、自然林の複数の樹木を（必須の）副食とするニホンモモンガにとって、とてもよい環境の調査地だ。

ちなみに、その調査地のスギの木にはじめて巣箱を取りつけた日のことはよく覚えている。学生たちと一緒に作業し、終わってから、夕食にバーベキューをして楽しんだからだ。夜はテントを張って寝た。

近くに小川があり、朝もまたとても気持ちがよかった。

ところが、あとで、テントを張った場所は国立公園内だったことがわかり、**関係機関に始末書（！）を書くことになった**のだった。

そんな、いろいろな思い出のある一〇年来のつきあいのある調査地だ。どの木の巣箱をモモンガが利用しやすいかはよくわかっている。そんな木の一つを調べると、……やっぱりモモンガは入っていた。巣材のなかでじっとしている。**チェックだ。**

出入り口を手袋でふさぎ、巣箱を木からはずしてそのまま地面に持って下りた。地面で巣箱を網袋に入れ、巣箱のなかのモモンガを外に出し、網のなかを動きまわるモモンガをつかみ、お決まりの作業に取りかかる。

チップリーダーで知り合いのモモンガかどうかを調べる。**おっ、新しい個体だ。**「ちょっと痛いかもしれないけどごめんね」みたいな感じで、注射器でマイクロチップを臀部の皮下に入れる。体重を測って（九五グラムだ。おそらく昨年の秋に生まれた雄だろう）、巣箱内に返し、巣箱ごともとの木にもどした。

モモンガにとっては、こんな感じかもしれない。

「**あーっ、びっくりした。**死ぬかと思ったぜ。尻のところもチクッとしたし。あいつはいったい何なんだ！」

こういう体験をしたモモンガは数日のうちに、近くにある、別荘のように使っている巣箱へ移動する場合が多い。しかしなかには、**「まっ、いいか」**みたいに思うのか、そのままその巣箱を使いつづける個体もいる。いったん出ていって、しばらくしてもどってくる個体もいる。

さて、残念ながら、思い出多き最初の調査地では、条件に合った母子のモモンガを見つけることはできなかった。

私はハシゴを担ぎ、カゴに入れた、調査の〝三種の神器（網袋・マイクロチップ〈注射器、リーダーも含む〉・体重計）〟を持って車にもどり、次に有望な調査地へと向かったのだった。

次の調査地は、標高七〇〇メートルくらいの、渓流にそった平らな森のなかにあった。スギ林と自然林とが混在した調査地で、巣箱はすべてスギの木に取りつけていた。

この調査地での一番の思い出は、なんといっても**「ヒナの頭をかじった流血ヤマネ・ふりむき」事件！**だろう。

事件が起こったのは、三、四年くらい前のことだった。いつものように定期的な巣箱調査をしていたときだった。ハシゴに上り巣箱の蓋を開けて、びっくりした。なかには、数羽の、まだ羽の生えていない（目も開いていない）ピンク色のヒナと、一羽の、頭が変形して血だらけになったヒナ、そして、血だらけのヒナを前足で抱えるようにしているヤマネ（！）の後ろ姿

（ヤマネの後ろ姿はすぐわかる。背中の中央に鮮やかな黒い筋が走っている）があったのだ。

私は、**見てはいけないものを見てしまった**ような気がした。そしてその直後だ。ヤマネが**「どうかしましたか」**みたいな感じでふり返ったのだ。

私はちょっと気持ちが動揺して、**急いで巣箱の蓋を閉めた。**

次の瞬間、今度はヤマネが動揺したのか、巣箱の穴から顔を出し、そのまま地面へとダイブしたのだ。

それを見て、私は、もう一度ゆっくり巣箱のなかをのぞいてみたくなった。**いったい何が起こったのか**知りたいではないか。

ほかのヒナたちが巣の中心にかたまって身をふるわせるなか、血だらけのヒナは横たわり、頭の上部、三

ヤマネの後ろ姿。背中の中央に鮮やかな黒い筋が走っているので、すぐにヤマネだとわかる

分の一はかじりとられていたのだ。

つまり、昆虫を主食にするヤマネは、小鳥のヒナを襲うこともある、ということなのだ。ちょっとショッキングな話だが、ここは**現実をありのまま、受け入れることが大切だ。**そのなかで自分はどう生きるかということだ。何の話かわからなくなってきた。

いや、はっきりしている。ヤマネは懸命に生きているということだ。野生のなかで、小さな体を力いっぱい使って、懸命に生きているということだ。私はヤマネの新しい習性を知るきっかけとなったその体験を貴重だと思った。


そんな思い出がある調査地で、私は、母子モモンガの巣箱と出合うことになる。

巣箱を調べはじめて、その調査地の半分くらいの（五個ほどの）巣箱をチェックしたあとのことだった（それまでの巣箱には鳥も哺乳（ほにゅう）類もまったく入っていなかった）。

蓋を開けるとびっしりとスギの繊維が詰まっており、その繊維の細やかさやふくらみ具合とそれまでの経験とを総合すると、**「これは何かある」**と思った。

私は、巣材のなかへそっと手を入れてみた。するとどうだろう。指先に、ころっとした体形の小さな動物の肌の感覚が伝わってきたのだ。**間違いない。**生後数週間くらいのモモンガの子どもだ。もちろん母親もいるはずだ。目的の「母子が入っている巣箱」を見つけたのだ。

巣箱の出入り口を手袋でふさぎ、ずっしりと重い巣箱をスギの木からはずし、落とさないように大切に手で持ってハシゴを下りていった。

研究室に連れて帰り、上面に穴を開けた巣箱に母子を、巣材と一緒に移した。ビデオカメラ（真っ暗でも撮影できる高感度カメラ）を設置して、この上面の穴から内部を撮影するのだ。慣らすために、数日、研究室のケージ内に置いたあと、野外ケージ内の木に巣箱を設置した。ビデオカメラはつけたままで、だ。

そうそう、子どもは三匹だった。二匹が雌、一匹が雄。それと子どもの状態をしっかり観察

3匹の子モモンガの母。乳首が大きくなって頼もしい母の顔になっている

したところ、生後約二週間と判断された。

母モモンガはこの三匹に毎日、母乳を与えなければならないのだ。乳首が大きくなって、頼もしい母親の顔になっている（前ページの写真を見ていただきたい。ちなみに、ある学生はこの写真を見て、なんかバットマンみたい、と言った。横にあるカメラはさしずめバットマンが愛用するギミック満載の車バットモービルということか）。


さて、母子の行動の変化と、この巣箱にヘビが侵入したときの母子の行動の研究が始まった。

巣内の母子の様子は、子どもたちが巣から出るようになる生後二カ月くらいまで、調べた。

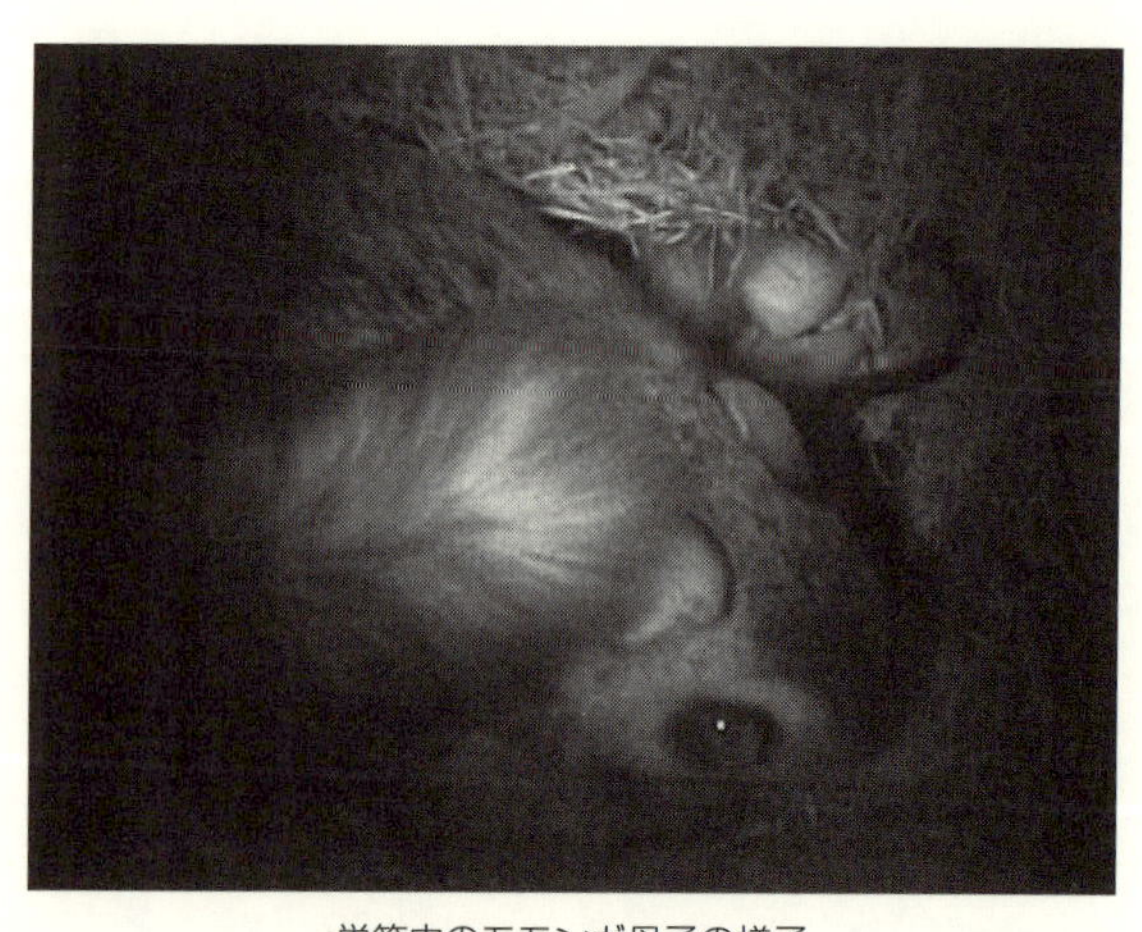

巣箱内のモモンガ母子の様子

子モモンガの成長は早い。生後約四週間目の巣箱内の子モモンガの様子が下の写真だ。

体重は、それぞれ三六グラム（雌）、三四グラム（雌）、三三グラム（雄）。ご覧のとおり、目はまだ開いていないが、体毛は生えそろっている。もちろん子どもたちはまだまだ巣から外に出ることはない。ずーっと巣穴のなかで、兄弟姉妹と、そして何より母と接触しながら暮らしている。

そこで見られた、子モモンガの成長、母子の相互作用についてはまたの機会に譲るとして、本章では、「巣箱にヘビが侵入したときの母子の行動」についてお話ししたい。

ある意味、**すごいぞー!?**

生後約４週間目の子モモンガ。母は餌を食べに外出している。子はまだ目が開いていない

ただし、母子モモンガにとっては、**迷惑だぞー!**

マジ怖かったにちがいない。なにせ、巣箱の出入り口から大きなヘビが入ってくるのだから(私が入れたのだが)。実験のたびに「絶対食べられることはないから大丈夫」とささやいたが、少なくとも母モモンガは**生きた心地がしなかっただろう。**

でも、モモンガの生物学的特性(ひいては動物の対捕食者行動)の理解を深めるうえで、とても重要な実験なのだ。この実験は。そして、何より……**興味に満ち満ちている**ではないか。

モモンガのみんな、ゴメン!……みたいな感じ(実験の詳しい方法はあとでお話しする)。

ちなみに、先生!シリーズ第一〇巻『先生、イソギンチャクが腹痛を起こしています!』のなかで書いたのだが、子モモンガが巣の外をおぼつかない足どりで散策するようになったころ、巣の外で母モモンガと子モモンガに、ヘビに出合わせる実験を行なったことがある(それくらいの時期の母子が入った巣箱を連れ帰って実験したのだ)。

ケージ(六〇センチメートル四方)を二つ用意し、両者をアルミ製の通路でつなぎ、巣箱を置いていないケージに麻酔したヘビ(このときも、そして今までもいろんな実験につきあってくれたアオダイショウのアオ)を置いたのだ。そのときの母と子の反応は、ざっと次のような様子だった。

巣箱から出て通路を通り、ヘビが置いてあるケージにやって来た子どもは、おそらくはじめて出合うであろうヘビに気づくと、緊張感を表わし警戒的な姿勢でヘビを注視した。

母モモンガは、ヘビのニオイを、子どもの場合よりずっと遠くで感じとった様子で、警戒しながらゆっくりヘビに近づき、いくつかの齧歯類（げっしるい）（シベリアシマリス、カリフォルニアジリス、スナネズミ………）で知られている威嚇的行動である足踏み（foot stamping）を行ない、最終的にヘビに噛みついた。一度だけ噛みついて、さっとその場から立ち去った。

なかなかスリリングな展開だった。

いつか例数を増やして論文にしようと思ったが、それと同時に思ったのだ。

「子どもはいつごろからヘビを警戒するようになるのだろうか？」

「まだ子が巣から外に出ない時期、巣内にヘビが侵入したら、母は、子は、どう反応するのだろうか？」………と。

ところで、「（自然生息地で）ヘビがニホンモモンガを捕食する」という事例はまだ観察されていない。ただし、ニホンモモンガと同じような形態をもち、習性についても似ていると考えられている、日本では北海道だけに生息するタイリクモモンガ（エゾモモンガ）については、アオダイショウによる捕食の報告がある。

写真絵本『飛べ！エゾモモンガ』（大日本図書）のなかで、富士元寿彦さんは、巣穴から出てくるアオダイショウの写真とともに、巣内でモモンガが捕食されたと記されている。


私は調査でモモンガの巣箱が設置されている木の下でヘビを見たことは何度かある。アオダイショウやジムグリ、ヤマカガシである。アオダイショウは木登りがとてもうまく、イヌシデの、地上六メートルくらいの場所で出合ったこともある。

ヤマカガシについてはこんなこともあった。

スギの木にかけたハシゴを上って巣箱のなかを見たら、最近モモンガが利用したと思われるような新鮮な巣材がたくさん入っていたが、モモンガ自身はいなかった。そのまま蓋をしてハシゴを下り、木の根もとに下り立った。

と、そのときである。足のすぐそばに、ヘビがいたのだ。ところがそのヘビ（種類はすぐにヤマカガシであることがわかったが）、腹のあたりが大きくふくれており……直感的に**何や**

ら嫌な予感が私の頭を駆けめぐった。ヤマカガシとしてはかなり大きいサイズであり、そのサイズで腹がふくれていたのだから、体積的には……十分だ。

読者のみなさんもおわかりになるだろう（ここではその嫌な予感が何かは言わない）。

敵討ちのような気分も感じつつ、私は重そうな腹を揺らししながら**逃げるヤマカガシを追った。**

すぐそばを流れる小川の手前でヤマカガシの尾を踏みつけ、数秒後には首根っこを押さえてザックのなかから取り出した網袋に入れていた。

そして、それから、………?

大変申し訳ないのだが、網袋に入れられたヤ

モモンガの巣箱が設置されているスギの木の根もとに、腹のあたりがかなりふくらんだヤマカガシがいた。なにやら嫌な予感がする

マカガシは、車に揺られて大学まで運ばれ、今度は網袋ごと、**冷凍庫に入れられた、**のだ。

寒さのなかで昇天するときは、だんだんと感覚器が作動しなくなり痛さも苦しさも感じない、といった俗説を半分信じてのことだ。

そして数日後、私はどきどきしながら冷凍庫からコチコチになったヤマカガシを取り出し、解剖バサミで腹を切ってみた。

なかから出てきたのは、大きな大きな、スルメみたいに上下にのびきった（！）ヒキガエルだった（写真はお見せしない。読者のみなさんのために）。


野生での、（ヤマカガシではなく）アオダイショウとモモンガのつながり（捕食―被食の関係）は、ゼミ生たちの卒業研究のなかからもうかがえる。

二年前に卒業したＯｅさんは、アオダイショウのニオイをつけた布とつけない布を別々の巣箱に入れ、それらをモモンガの森に設置し、モモンガの巣づくりについて調査した。

その結果、四組中、ヘビのニオイがついた布のある巣箱を利用した事例はゼロ、ついていない布が置かれた巣箱についてはすべて利用された。

Mgくんは、二年前につくられた実験研究棟にある、**ヘビ専用の「ヘビ部屋」**（七×一・五×高さ四メートル）で四匹のアオダイショウと四匹のシマヘビを放し飼いにしている。ちなみに、はじめからヘビ専用につくられた部屋ではない。動物の飼育室としてつくったのだが、Mgくんの研究の拡大にともなって、一時的に「ヘビ部屋」になっていたのだ。

餌はニワトリの骨つき肉で、それぞれの隠れ家のすぐそばに置いておけば思い思いに食事をすませてくれるという。

もちろんMgくんは、単にヘビを飼っていたわけではない。

一般的に考えられている「樹上を好む」というアオダイショウの習性について、その考えがどれくらい科学的に正しいのか、そして、もしその考えが正しいとしたら、木を上へ上へと登っていく「登攀（とうはん）行動」が発達しているはずだと推察されるが、どのような〝テクニック〟を有しているのか、について調べようとしているのである。

シマヘビは、アオダイショウとの比較の対象として選ばれたヘビだ。アオダイショウもシマヘビも*Elaphe*という分類群に属した比較的近縁な種類である。アオダイショウの実験と同様な条件下でのシマヘビの行動も調べることによって、アオダイショウだけに見られる行動特性があったとしたらそれは、ヘビ一般に見られる特性ではなく、アオダイショウという種で特有に進化したものである可能性がぐんと高くなるのである。
　これまでの実験では、以下のようなことが明らかになっている。
　①スギの〝枝つき幹〟を立てた「ヘビ部屋」では、アオダイショウはシマヘビに比べ、明らかに頻繁に幹を登り上の枝で過ごすことが多い。
　②アオダイショウは、木の幹にある小さな取っかかりでも巧みに利用し、そこを基点にして体を垂直上方へ伸長させ、次の基点に達し、その繰り返しで効率的に木を登る。
　③幹にまったく基点がない場合には、幹に体をぐるぐる巻きつけて締めつけ、締めつけた部分を基点にしてそこから体を垂直上方へ伸長させ登っていく。

アオダイショウは樹上が好きだ

ちなみに「ヘビ部屋」の床の一角は、地下の配電盤室へ下りていく蓋になっており、実験研究棟の電気系統を担当している委託業者の人は、部屋がMgくんによって「ヘビ部屋」になってから、地下の配電盤室へ入って作業するのを**「勘弁してください」**と言っているという。

まーそうだろう。地下の配電盤室に到達するためには、**ガッツリと「ヘビ部屋」に入り、**なかを通らなければならないからだ。実際、天井からヘビが落ちてきたら卒倒するかもしれない。

さて、「巣内のモモンガ母子vs侵入ヘビ」の話である。

場面は母子がいる巣箱のなか（ビデオカメラはそこを写している）。ここへどうやって自然

実験研究棟につくられた「ヘビ部屋」で飼育しているアオダイショウも木の上で過ごすことが多い

な感じでアオダイショウが侵入するのか。

それは比較的簡単だった。なぜなら、私には、「アオ」がいたから。

私が、飼育容器内で体を巻き気味に**休息しているアオを手のひらにのせ、**次に腹を握って（そうするとアオは頭部を前方にのばしていった）、腹を持ったまま頭の方向をコントロールし、母子が休息している**巣箱の出入り口から、頭を入れる**のだ。そして一方で、巣箱内部を映したモニター画面を見ながら、頭部・頸部の方向や入り具合を変えていくのだ。

そうすると、たとえば、下の写真のような映像を記録することができる。

アオはじつによいパフォーマンスをしてくれ、**舌をぺろぺろ出しながら、**巣内の様子を探り、

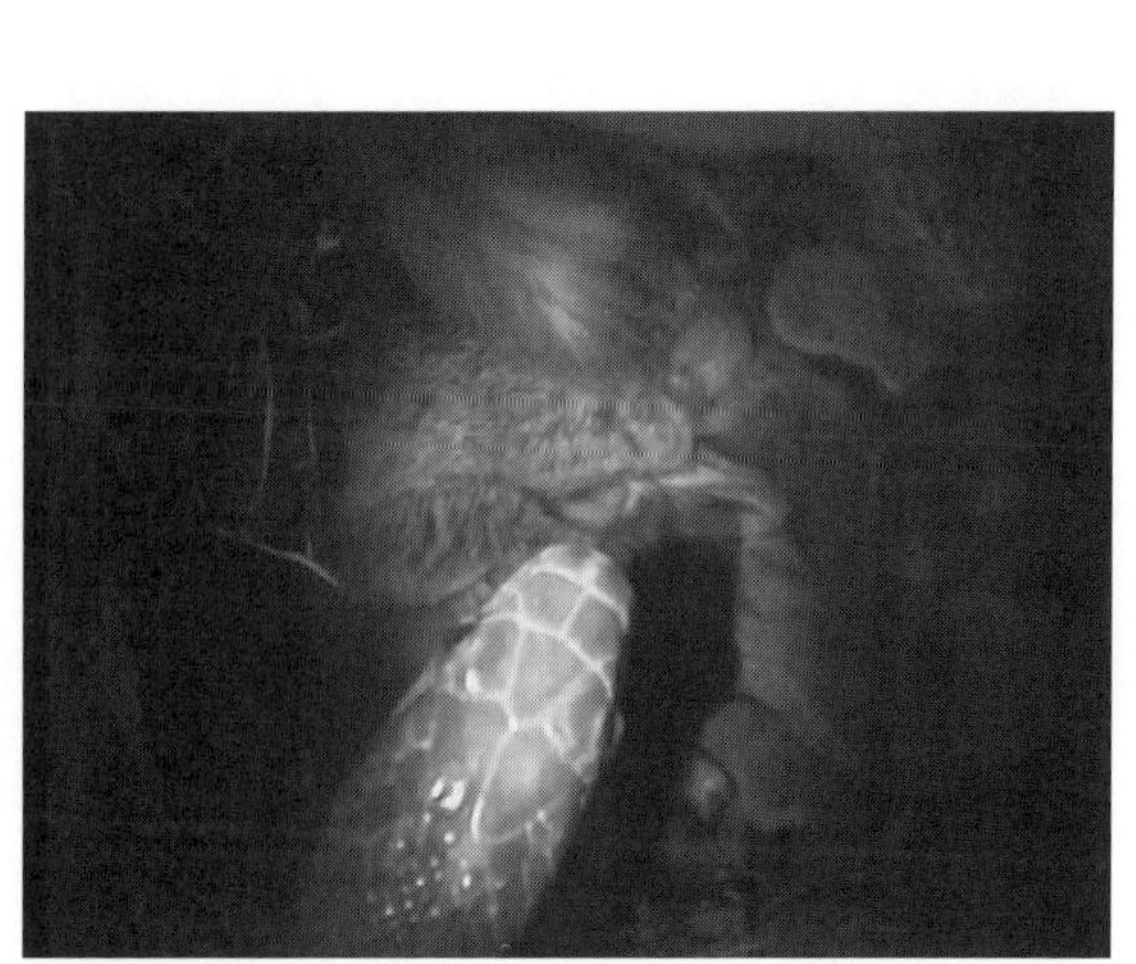

舌をぺろぺろと出しながらモモンガの巣内を探るアオダイショウのアオ

頭を左右に振る。ただし、アオもまったく自由の身というわけではないから（私に体の〝後半〟をつかまれているから）、潜在的な餌の存在に気づいても捕食の気分にはならない（と思われる）。

これまで四回の実験を行なっている。

一回目の実験のときは、子モモンガが、生後約三〇日、体重約三五グラム（成獣は一〇〇〜一五〇グラム）、目が開く少し前くらいで、匍匐（ほふく）で巣内を動くことができる、という成長段階のときであった。

さて、その**子モモンガのヘビに対する反応は？**

結論から言えば、**まったく無反応だ。**ヘビの頭部が一〇センチくらい近くにきても、ヘビがいないときの状態を特に変えることはなかった。姿勢も場所もそのままで、時折、四肢を、運動の練習でもしているように動かしていた。

おそらく視覚的にはもちろん（だって目が開いてないのだから）、嗅覚によってもヘビを認識することはないのだろう。ちなみに、この時期の子モモンガの嗅覚がある程度以上働いていることは、たとえば次のような実験から明らかであった。

子モモンガを巣箱から実験テーブルの上に出し、近くに、母親や兄弟姉妹のニオイをつけたティッシュペーパーと、何もつけないティッシュペーパーを、子モモンガから一〇センチほど離れたところに置いておく。すると子モモンガは百発百中、前者のほうへたどり着く。

では**注目の母モモンガはどうしたか?**

先にもお話ししたが、子モモンガが、生後三カ月齢くらいに成長し、巣の外をおぼつかない足どりで散策するようになったころの母親は、巣箱の外でヘビに出合ったとき、威嚇としての「足踏み」を行なったあと、一回だけだがヘビに噛みついた。

だったら、まだ目も開いていない子モモンガがすぐそばにいるところへヘビがやって来たら、母はどんなにか激しくヘビを威嚇するだろう、……と思った。もちろん、母自身もヘビからの攻撃で命を落とす(捕食される)可能性があるから文字どおり命がけだ。

結果は意外だった。

私がヘビの頭を巣箱の出入り口のすぐ前まで近づけたとき(つまり、厳密にはまだヘビは巣箱のなかに入っていないとき）、母親は顔を上げ、出入り口のほうを向き、その鼻がピクッと動いたように見えた次の瞬間、**ものすごいスピードで、**出入り口とは反対側の巣箱の角に移動した。そして背中を上にして丸まり、**いっさい、動かなくなった**のだ。

それからヘビの頭部はだんだんと巣箱の内部へと入れられていったのだが、母モモンガはじっとしたままだった。

えっ！　何だよ。

なんか、子モモンガを守るような行為はないんかよ！………それが私の率直な思いだった。

二回目の実験は、子モモンガが生後約四〇日で、体重約四〇グラムに増え、目も、少なくとも外見的には開いていた（かわいらしさ全開の時期の始まりだ）。四肢も骨格的にしっかりし、よろよろとだが、自分の意志で自分の進みたい方向へ進むことができる状態まで成長していた。ただし、まだまだ巣箱から外へ出る様子はなかった。

そして**アオの出番だ。**アオは二回目も、期待にしっかり応えてくれ、自然な体と舌の動きで、巣穴に侵入するヘビを演じてくれた。

さて、母モモンガの反応は？

母モモンガの反応は一回目と同じだった。

ヘビの頭部が巣箱に入りかけたとき、体をもち上げて出入り口のほうに少し顔を向けたかと思うと、また脱兎（だっと）のごとく巣箱の角に移動し体を伏せて丸まったのだ。そう、**丸まってフリーズだ。**

一方、**子モモンガたちの反応は一回目とは違っていた。**

ヘビの頭部が巣箱の出入り口から入ってくると、まず、三個体ともが、ぴたっと動きを止めた。ヘビの動きをうかがっているような様子に見えた。一番前の子モモンガが、鼻をヒクヒクさせるのを映像で確認できた。

子モモンガは、ヘビのニオイを認知できるようになったのではないかと私は思った。

このような子モモンガの状態は、私がヘビを巣箱から外へ出してしまうまでの、約一〇分間、ずっと続いた。

こういった変化は、たとえほかの人には特に何でもなくても、私にとっては、ささやかだが心に響く出来事なのだ。そうか、**ヘビに反応するようになったのか、**………みたいな。

三回目の実験は、子モモンガが、おおよそ六〇日齢になったときだった。チビたちの体重も五〇グラム近くなり、目もしっかり開き、まだ腹の一部は地面につけながらではあったが四肢でいっぱしに歩けるようになっていた。

さて、ヘビが巣箱に入ってきた。

母モモンガは、これまでと同じように巣箱の角に飛びこむように移動し、ヘビに背を向けて丸まった。そして子モモンガたちは、……。

子モモンガたちが見せたのだ。母と同じ反応を。

母モモンガほど早くはヘビの接近に気づかなかったが、ヘビの頭部が巣箱のなかに完全に入ると、母が丸まっている場所と同じ所へよたよたと（けなげに）移動し（そんな実験をやっとるのはオマエだろが！）、母の体の下へもぐりこむような状態になって動きを止めたのだ。

子モモンガはこれまで、ヘビに攻撃された体験などないはずなのに、そうやって母モモンガと同じ反応を示したのだ。

以上がこれまでの実験の結果である。

もちろん、これからも実験は続く。実験個体の例数も増やさなければならない。でも、私が知りたいと思っていた巣穴のなかにヘビが入ってきたときのモモンガの反応、子モモンガの行動の発達、……おおよその答えは得られたような気がする。**そうか、そうなんだ。**

ちなみに、本章を終わるにあたって、母モモンガの行動についてふれておきたい。ちょっと堅苦しい話になるかもしれないけど。

以前私は、ある調査地で、巣箱を開けたら、まだ体毛もまったく生えず、もちろん目も開いていない、生後数日くらいと思われる子どもを抱えた母モモンガに会ったことがあった（『先生、モモンガの風呂に入ってください！』を参照）。

そのとき母モモンガは巣箱を飛び出し、滑空して隣の木に飛び移った。そして、それからしばらくして再び、私がハシゴをかけて巣箱を調べていた木に飛び移り、やがて、子どもがいる巣箱にもどっていった。

こういった事件から判断して、母モモンガは、巣箱のなかでも**けっして子モモンガのことを**

忘れているのではないと推察される。でも、巣箱のなかではやはり外敵に防衛的な攻撃をすることはないのだ。巣箱という閉鎖空間のなかで攻撃したら自分（母）が命を落とす可能性が高いからかもしれない。

そして私は思うのだ。ここには、われわれを、日常的な人間の心理的世界から抜け出させて、**もっと束縛のない視点からものを見る機会を与えてくれる**素材がある、と。

その素材とは、「なぜヒトという動物は、（もちろん例外はつきものだが）**自分の命をかけてでも子どもを守ろうとする生物学的特性**を（脳に）有しているのだろうか？」という問いであり、「（巣箱のなかで子どもをほうっておいて自分が真っ先に逃げ出すような行動を見たとき感じる）**薄情だなー、という感情**は、そもそもなぜヒトという動物に備わっているのだろうか？」という問いである。

日常的な人間の心理的世界から言えばそれらは、問うまでもない当然のことと思われるかもしれない。

「親が命をかけて子どもを守ろうとするのは当然だろう。人間なんだから」とか、「薄情だなーという気持ち？　そんな感情がなぜあるか、と聞かれても、そりゃあ、あるからあるんだろう」……みたいな。

でも、進化というすべての生物に同様に働く力の結果として、現在地球上に生存している生物全体を見わたすと、それらの問いは、その理由を求めるべき十分な価値のある科学的（哲学的ではない）問いであることがわかる。たとえば、ニホンモモンガのように、親が、子どもを救うために命まではかけない動物もいれば、おそらく「薄情だな」という感情をもたない動物もいるだろう（ただし、その動物はヒトという動物がもっていない種類の感情をもっているかもしれない）。それは、「ヒトが高等だから（脳が発達しているから）」という答えではけっして科学的な答えにはならない。たとえば、ミツバチの働きバチは、親（女王）や巣内のほかの姉妹たちのために自分の命をかけて外敵に立ち向かうではないか。

これらの問いについての答え。それは、現代の動物行動学が主張する「進化的には、生物は、どのような行動や心理・感情をもつようになるか」についての基本的な考え方のなかにある。

その考え方というのは次のようなものである。

それぞれの個体は、それぞれの生物種が生息する場での生活環境（これは種によってさまざまである）で、自分の遺伝子が入った個体がより多く増えるような行動特性や心理・感情を有するだろう（それはごく当然のことなのだ。自分の遺伝子が入っている個体が増えるような行動をとらない個体は、地球上の月日の経過とともに消え去ってしまうだろう。なにせその遺伝子が自分と同種の個体をつくり上げるのだから）。

ヒトという動物は、基本的には、自分の遺伝子が入った個体を増やすことを、たとえば、一生の間で少ない数しか産めない子ども一個体一個体に大きな援助（命をかけて守ろうとする行為も含まれる）を与えて達成しようとし、援助などの遂行に「喜び」とか「子どもを守らなければ」という強い感情をわき立たせて、行為を促進する。あと押しする。

別なやり方、たとえば、一生の間にたくさんの子どもを産める性質に舵を取ったニホンモモンガは、子ども一個体一個体にかける援助を、ヒトの場合ほどには大きくせず、自分も命を落とす可能性がある場面では逃避して生きのび、その後の生活のなかでたくさん子どもを残すことに労力を使う。したがって、彼らが子どもの世話をしたり子どもを守ったりするときに感じる心理は、ヒトの場合の「喜び」とか「子どもを守らなければ」という感情とは質・量において異なっていると考えられる。

でも結果的には、ヒトという動物でも、ニホンモモンガという動物でも、それぞれのやり方で自分の遺伝子が入った個体を増やすことになるのだ。感情（心理）は、それぞれ独自の生活環境のなかで、「自分と同じ遺伝子をもった個体をより多く残す」という結果を出しやすい行為の発現をあと押しする機能をもっている、と現代の動物行動学は考えるのだ。

母モモンガの行動に対して、われわれが（無意識のうちに擬人化思考などを行なって）「薄情だな」という心理を感じることは避けられないだろう。でも、他方で、母モモンガの行動を、進化の過程で、われわれとは異なる生き方を発達させて生きぬいてきた生物種の一特性として、**あるがままに、尊重する**ことも必要ではないだろうか。

日常的な人間の心理的世界のなかだけで感じて終わってしまうのは、現代に生きるわれわれを、豊かな人生へとは導かない。もっと**束縛のない柔軟な思考が大切なのだ**と思うのだ。

いずれにしろ、ニホンモモンガの親も子も、彼ら本来の生活環境へ適応した本能を携えて、懸命に生きている。それは確かだ。ヒトが、「かわいい」とか「やさしい」とか「価値がある」とか感じる心理とは別次元の、生物の懸命な生きざまなのである。

モモジロコウモリは
テンを大変怖がる！

まだ研究途中なので、
ここだけの話だけど………

最初にお断りしておくが、この章には、私の自慢話がかなり入っている。学生に話してもほとんど感動してくれないので、読者のみなさんには**「ほーーっ！」と思っていただきたい**という、けなげな老教授（精神年齢は子どもだが）の願いなのだ。

ただし、だ。これだけは述べておかないと、私の人格がみなさんにゆがんで伝わってはいけないので、是非とも述べさせていただく。

これまでの先生！シリーズを読んでいただければおわかりになると思うが、私は自慢とはほど遠い人物だ。自分で言うのもなんだが、**〝謙虚〟が服を着たような人間**……そういった表現もできるかもしれない。その私が、「この章には、私の自慢話がかなり入っている」と言うのだから、**「えっ‼」**と驚かれる読者のみなさんもたくさんおられるだろう。いやほんとうに、申し訳ない。

でも、それは私が、大変な無理をして、あえて自分のなかにわずかでも存在するかもしれない自慢の欲求を、何百倍にも増幅して、読者のみなさんに、「小林でも自慢することがあるのか、ああ安心した」と、軽やかな気持ちになってもらいたいという、**私のささやかな配慮、**ということなのかもしれない。

まーそういったことだ。

さー本題に入ろう。

「野生生物に三日間（〝一日でも〟という説もある）ふれあわなかったら体調が悪くなる」ので、忙しい毎日だがデスクワークの隙間をねらって、野生生物とふれあい、研究は続けている。学生の、動物に関係した研究や地域活動への指導やサポートもそうだが、自分自身による科学的発見をめざした研究も続けているということだ。

自分で手足を動かして、動物たちと、あるときはface to faceで、またあるときはhand to bodyで交流しながら研究するのが好きなのだ。その点はまったくの子どもなのである。

最近はニホンモモンガやコウモリ類の研究が主だ。彼らの体毛のなかで生きているモモンガノミやケブカクモバエ（ユビナガコウモリの体毛のなかにいる）の行動についても調べている。生息地や実験室で研究にかけられる時間やエネルギーは、もちろん、とてもとても、若いときのようにはいかないが、発見の喜びはなにものにもかえがたい。

先日もデスクワークが一段落ついたので（夜の七時くらいだった）、毎日の日課であるコウモリの世話（飼育ケージの掃除や餌の供給など）をしていたら、**「よし、あの実験をやってみよう！」**という気力がわいてきた。

それでなくても虚弱体質の私の頭と体だ。疲れていたのだけれど、「もしあの実験で予想どおりの結果になったら」と思うと、**なにやら気力がわいてきた**（同じような場面で、予想どおりにならなくていっそうへとへとになる、という体験を何度も繰り返してきたのに、学習しないのだ）。

「実験、きっとうまくいくよ！」そんな顔をしているモモジロコウモリ

それに、コウモリの顔を見たら、**「うまくいくよ！」**みたいな顔をしていたのだ。そう、その実験の対象であるモモジロコウモリがそんな顔をしていたのだ。

モモジロコウモリは、日本で、コテングコウモリやコキクガシラコウモリに次いで、というか、ほぼ肩を並べるくらいの小さな（七・五グラム程度、つまり、十円玉わずか二枚よりも軽い）、**それはそれは魅力的**な哺乳類だ。

そのことをツイッターで書いたら、……二万件以上のリツイートがあった、と言いたいところだが、**残念ながらわずか二二件**だけだった。これはもう実物を

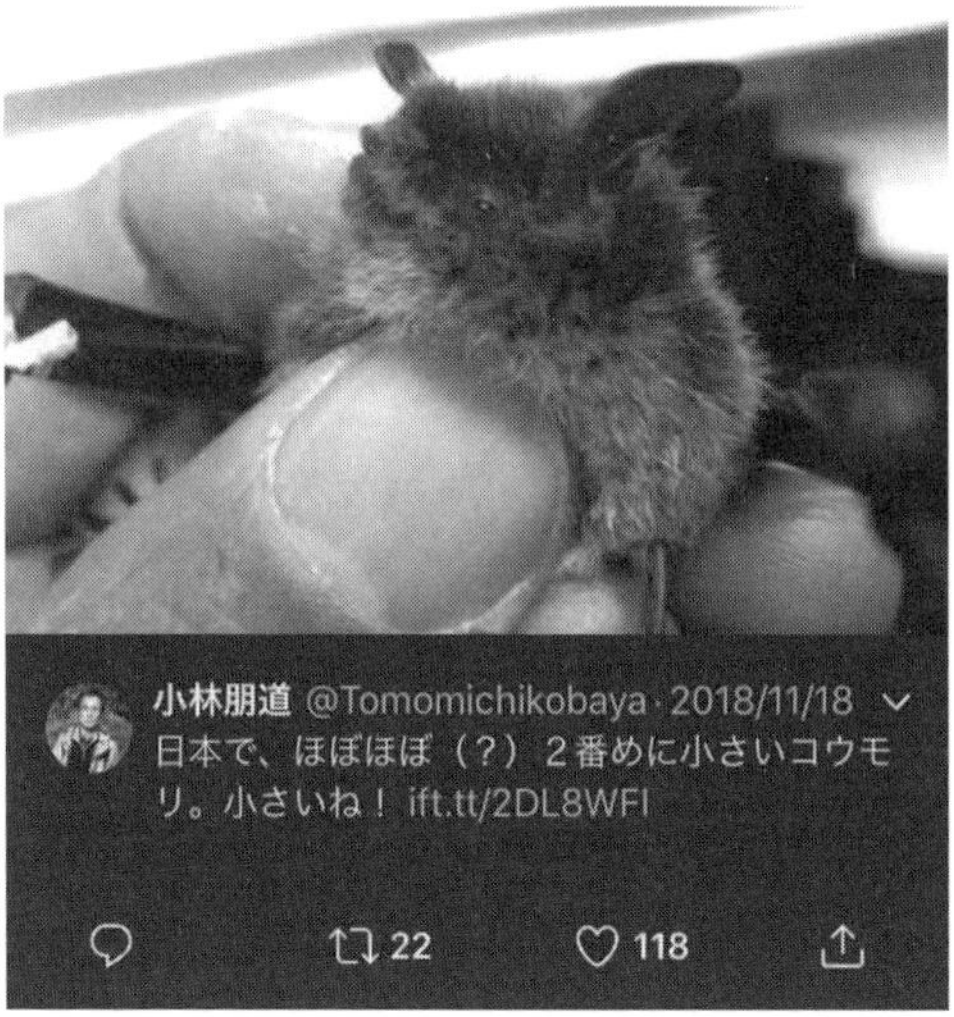

魅力的なモモジロコウモリをツイッターに投稿。残念ながらリツイートはわずかに22件。こんなにカワイイのに

見てもらわなければ、その魅力は伝わらないのか、と思ったものだ。

じつに残念だ。

ちなみに、私の研究では、近年の生物学の研究ではたいてい使われているような**高額な機器類は必要としない。**どうしても必要がある場合（たとえばコウモリの体毛からの揮発性物質のガスクロマトグラフィーや走査電子顕微鏡による分析など）には、それがあるところに頼むことにしており、基本、私の実験室には置いていない。

私の実験室の主役は、スナガニやヘビ、メダカ、タカハヤ（渓流の魚）、ヒキガエル、カワネズミ、コウモリ類、ニホンモモンガなど（そのほか、時々、スナヤツメやナガレホトケドジョウなど）、つまり、学生たちが研究している動物たちと、私が研究している動物たち、そのものなのである。

では、高額な機器を使うことなく行なった私の研究の内容（！）はどうなのか。

ここだけの話だが、**結構、いい！………。**

まー、評価はほかの研究者たちがするものだから、**自分で言ってもしかたない。**でも、「研究の評価基準の一つが、対象にする動物の理解の深化につながる、それまで知られていない現象の発見と分析」だとしたら、**「結構、いい！」**研究がかなりあるのだ。もちろん、その新しく発見・分析された現象の〝大きさ〟や〝その後の研究への影響力〟も問題だが、〝それまで知られていなかった〟ということも重要であることに間違いない（いずれにせよ研究の価値という点では、高額な機器類を使うことが必須ではないのだ）。

そんな発見をしたときは、**「わー、すごい！」**と思い、また、俗っぽく**「わー、やった！」**とも思う。研究の醍醐味だ。

〝モモジロコウモリに「うまくいくよ！」みたいな顔をされて私がやってみた〟実験は、次のようなものだった。

まずは実験装置の話から。

そのころ私は、コウモリ類の捕食者と、それに対するコウモリの行動についてずっと興味をもちつづけていた。〝そのころ〟の数年前には、コウモリの強力な捕食者であることがほぼ明らかになっていたフクロウに対する反応で、これまで**誰も見つけられないでいたコウモリの反応をはっきり確認**していた。それは、先生！シリーズの第一二巻『先生、オサムシが研究室を掃除しています！』で書いた。

成功した（大きな）理由の一つは、コウモリが、潜在的に備えている行動や心理が発現できるような環境を備えた実験装置をつくれた、ということだ、と思っている。

いくらお金をかけて立派な実験装置をつくっても、問題はその動物にとってどうなのか、という点だ。

では、〝動物に余計な不安や緊張を引き起こさず自由な行動の発現を促すような条件〟はどうやればわかるのか？

その一つは、動物とface to face、またhand to bodyで交流することだ。そして自然状態でのそれぞれの動物の生活に敏感になることだ。そうやって対象動物の全体がわかってくると、〝自由な行動の発現を促すような条件〟も自ずとわかってくるのだ。

そうやって私がコウモリ対フクロウの実験でつくり出した装置の中心は、「T字型通路」と私が呼んだものだった。

「T字型通路」というのは、言葉のまんま、T字型の通路で、断面一〇×一〇センチ、横通路が三五センチ、中央縦通路が一五センチ、下面と横面は板で、上面は透明のアクリル板でできたきわめてシンプルな装置である。しかし、これがモモジロコウモリの自然な反応を引き出すのだ。

実験は、静かでうす暗い部屋のなかで行なうのだが、中央縦通路の手前からコウモリを入れ、横通路の両側にセットしたスピーカーから、それぞれフクロウの鳴き声とシジュウカラの鳴き声を流したのだ。

ちなみに、その結果は、モモジロコウモリは

コウモリ対フクロウの実験のためにつくった「T字型通路」

明らかにフクロウの鳴き声を避ける反応を示し、ほぼ例外なく、フクロウの声から遠ざかるように通路を早足で移動していった。時には、フクロウの声が聞こえてくる通路先端とは逆の通路の先端に身をかがめて、動物行動学の研究者一〇人が聞いたらそのうちほぼ一〇人が**「反撃的な鳴き声だ！」**と言うと思われる、**チーッ！**という声を、フクロウの声のほうを向いて発することさえ行なったのだ。

私が感動した理由の一つは、それまでに、世界中で、コウモリのフクロウ類に対する反応を調べる（論文にされた）研究はいくつかあったが、フクロウを避けるような明確な行動を見出した例は一例もなかったからだった。

そして、このような実験も通じて、コウモリについてのT字型通路の有効性を確認した私は、（しつこいようだが）〝モモジロコウモリに**「うまくいくよ！」**みたいな顔をされて私がやってみた〟実験でも迷うことなくこの装置を使った。

実験では、横通路のそれぞれの先端（出口）に接するように水槽を設置し、一方の水槽のなかには、網袋に入ったヒキガエルを、そしてもう一方の水槽のなかには、**網に入ったテン**

（！）を置いたのだ。

さて、ここへきてはじめて、**本章の二番目の主役である〝テン〟**が出てきた。

ちょっと説明しなければならない。

読者のみなさんは、モモジロコウモリのような洞窟性のコウモリ（日本では、モモジロコウモリ、ユビナガコウモリ、キクガシラコウモリ、コキクガシラコウモリなどなど）の天敵は何だと思われるだろうか。

「フクロウ？」

正解。

でも、それはすでに述べたので、フクロウ以外では？

そう、それがテンなのである。

ヨーロッパの動物学者たちの複数の報告によれば、ネズミ類などの小型哺乳類の天敵であるキツネは、洞窟内では、天井にぶら下がっているコウモリを、壁を上って捕獲することはできないという。一方、テンやイタチは、それができるのだ。

私は日本の洞窟でテンやイタチに出合ったことはないが、テンは確かに樹上にも軽やかに登ることができ（だからニホンモモンガも襲われることがあるのだ）、あの軽やかさをもってすれば、洞窟の壁に多少でも凹凸があれば、天井近くまで行けるだろう。最後はジャンプして、ぶら下がっているコウモリをキャッチすればよいのだ。

一方、ドイツの動物行動学者テス・ドリエッセンたちは、洞窟性コウモリのテンへの反応を調べるために、ネズミ類が忌避反応を示すことが知られているテンの肛門分泌腺からの分泌物をコウモリ（greater mouse-eared bat）に嗅がせる実験を行なっている。その結果、コウモリは忌避反応をまったく示さなかったと報告している。二〇一〇年のことである。

その論文を読んだ直後、直感的に私は思った。コウモリが哺乳類のなかで変わった存在であることは確かだ。でも、捕食者のニオイに対する本能的な忌避反応特性を有していないというのはおかしい、そもそもネズミ類に比べコウモリ類はニオイによる天敵の認知が発達していない、といった変な先入観があるのではないか。

face to face、またhand to bodyでコウモリ類と接してきた私としては、**これは納得がいかない。** 確かに、私たちがまだよくわかっていない理由があってそういうことがあるのかもしれない。でも、もっと**実験法を考えて調べてみる必要がある。**是非、日本の洞窟性コウモリについてT字型通路を使って調べてみたい。そんな思いを日々、抱えていたのだ。

こんな背景もあって、私は、コウモリについて理解を深めるため、フクロウに対する行動の実験が一段落したあと、テンへの反応を調べようと虎視眈々とねらっていたのだ。まずはざっくりとした実験でいい。テンを丸ごと提示してコウモリの反応を調べよう、と。

ちなみに、「T字型通路」装置で、横通路の一方の端のテンに対し、反対側の端に置く動物（何も置いておかなかったら、仮にコウモリがテンに反応したとしても、それは〝テン〟という特定の動物に反応したのではなくて、単なる〝動物〟一般のニオイに反応したのではないか、という可能性が残るので、テン以外の動物を置くのだ）としてヒキガエルを選んだのには、**それほど深い意味はなかった。**網袋に入れたときテンと同じくらいの大きさの見栄えがするもので、かつ、網袋のなかで静かにしていてくれ、かつ、そのころ私の研究室にいた**（お気の毒な）動物**が「ヒキガエル」だったということだ。

私はテンの新鮮な死体の入手を大学院生のMｋさんに頼んでいた。

Ｍｋさんとは、最初の「カワネズミとＭｋさん」の章で登場したＭｋさんだ。Ｍｋさんは、渓流でカワネズミを調べているとき、よくテンを見るのだという。そして渓流にそった山道を車で走っているとき、車に轢かれているテンを見ることがあるのだという。そんな話を聞いたので、Ｍｋさんに頼んでおいたのだ。

テンには申し訳ない話だが、やがてＭｋさんが、事故にあって道で死んでいたテンを持ってきてくれた。鼻のあたりが車にあたったような痕跡があった。Ｍｋさんと**テンに一礼して（テンを）冷凍庫に入れた。**

冒頭でお話しした「先日もデスクワークが一段落ついたので（夜の七時くらいだった）、毎日の日課であるコウモリの世話（飼育ケージの掃除や餌の供給など）をしていたら、『よし、あの実験をやってみよう！』という気力がわいてきた」、その日、そのとき、**私は冷凍庫からテンを出し、**網袋に入れて温かい部屋にしばらく置いておいた。

一方で、餌がよかったのだろう。七カ月の間にでっかくでっかくなったヒキガエルを網袋に入れた。

さて実験だ。

T字型通路の片方の端に接する水槽にテンを、もう一方の端に接する水槽にヒキガエルを置き、中央縦通路の入り口から、三匹のモモジロコウモリたちに、一匹ずつ入ってもらったのだ。

下と次ページの写真が、そのときの様子を撮った映像から切り出したものだ。

左に（網袋に入った）テン、右に（網袋に入った）ヒキガエルを置いたT字型通路の分岐点で、どのモモジロコウモリも、テンの置いてあるほうから**逃げるようにして足早に**右へ曲がるのだった。

ニオイが移らないように水槽を新しいものに変え、テンとヒキガエルの位置をラン

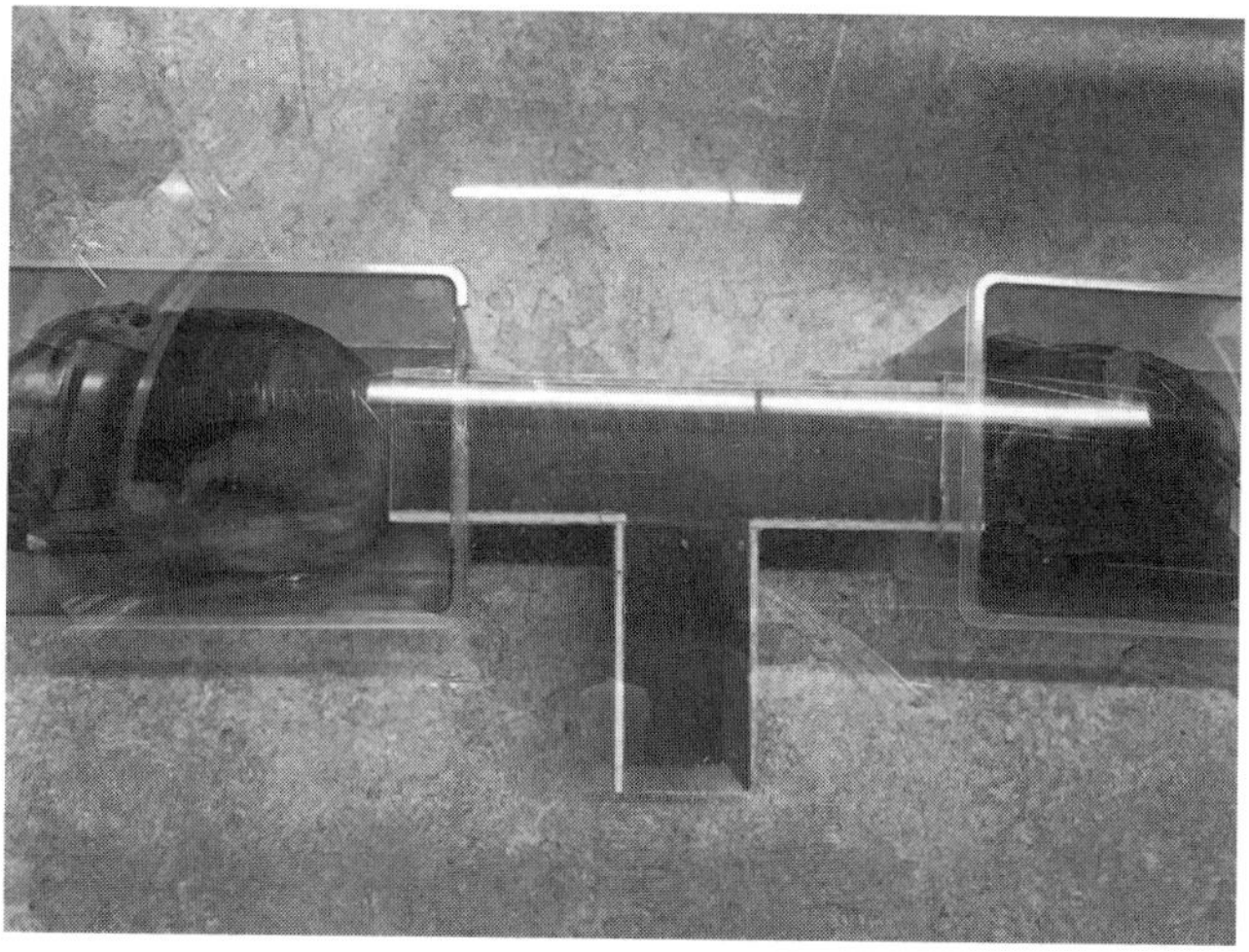

「T字型通路」を利用して次なる実験にチャレンジ！

ダムに変えて、それぞれのコウモリについて五回、やってみたが、結果ははっきりしていた。

モモジロコウモリは、テンを、**すっごく、もうすっごく怖がるのだ！** もう、ものっすごかったんだ！

以上、今回はここまで。

ここからどんな展開が起こるのか⁉

（それは来年の本に書く！　かもしれない）

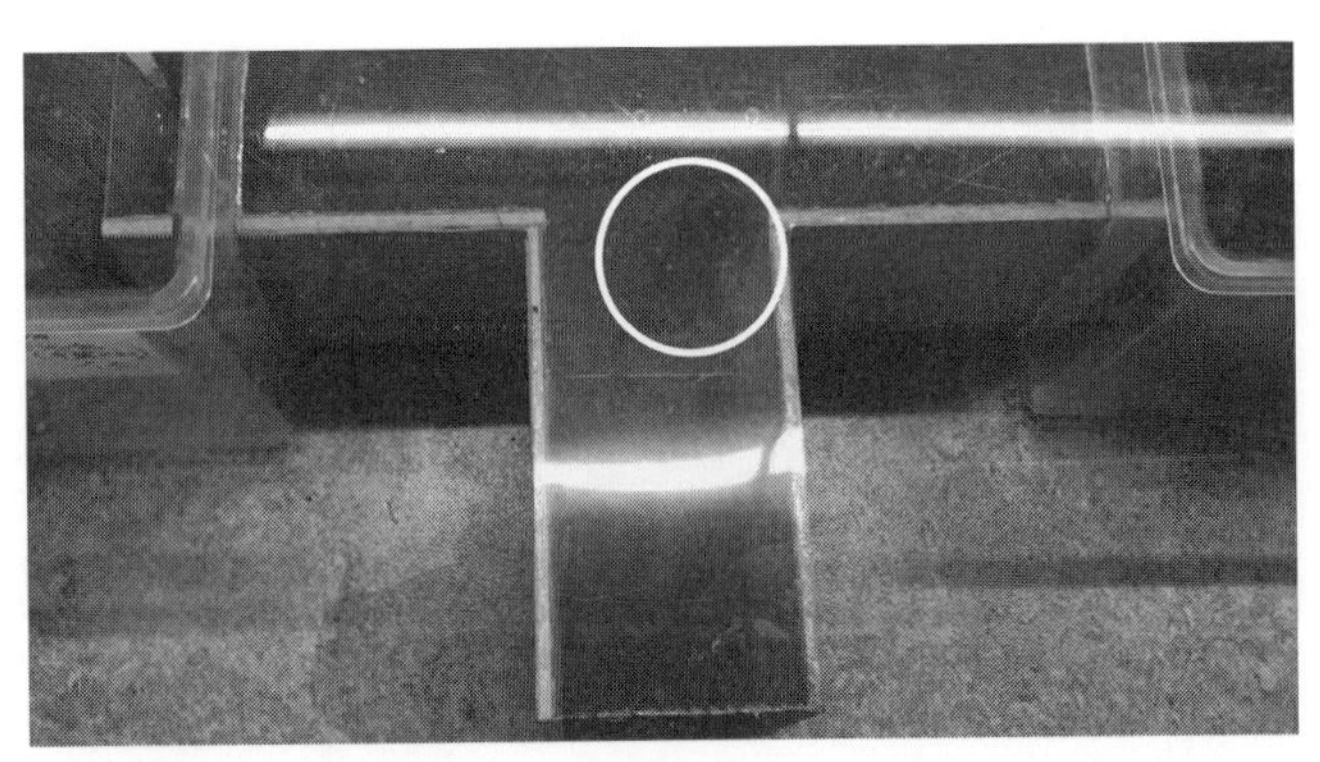

左に（網袋に入った）テン、右に（網袋に入った）ヒキガエルを置いたT字型通路の分岐点で足早に右に曲がるモモジロコウモリ（○印）

トノサマガエルやアマガエルでは成長とともにねらう餌が大きくなるのにツチガエルではそうでもない。なぜか？

そりゃあ理由があるんだよね。やっぱり

昨年、卒業したゼミ生のなかには絵がうまい学生が二人いた。ＩｋさんとＫｎさんだ。ただし、絵の方向性はちょっと違う。

Ｉｋさんは、お母さんの話では、「幼いころからいつも絵を描いていました」というだけあって、一本一本の線が安定している絵、と言えばいいのだろうか。ペンタブレットも早々と使いはじめ、私も驚くような絵を描いた。

たとえば下の絵は、年末のゼミの懇親会（かなにかで………いい加減な………）で、Ｉｋさんがペンタブレットで描いてくれたものだ。Ｉｋさんを含めた**ゼミ生たちが研究対象にしてきた動物がすべて**入っている。

Ikさんが卒業アルバムのコバゼミのページのために描いてくれたイラスト。ゼミ生が研究対象にしてきた動物がすべて入っている

もちろん鍋風呂の右端で、モモンガ饅頭（よく見ると、手に持っている饅頭にはモモンガの顔が描いてある。細かーーー）を片手にくつろいでいるのは、本物を二〇倍ほど改善して描いてくれた私（小林）である。

そうだ。思い出した。この絵は、卒業アルバムのコバゼミのページ用に描かれたものだった。それを懇親会でお披露目したのだった。

一方、Ｋｎさんの絵は、「味がある」と言えばいいのだろうか。

下の写真は、卒業式のあとのパーティーのとき、ゼミ生たちが私に贈ってくれたプ

こちらはKnさんのイラスト。こちらも研究対象の動物たちがすべて描かれている

レゼントを入れた紙袋である。

なかには、ゼミ生たちと私にしかわからないような理由で、ゼミ生たちが選んでくれたいくつかの品（話が長くなるので内容は省略するが、毎年、ゼミ生たちからのプレゼントには目が潤む。特にこの期の学生たちは、よい意味でも悪い意味でも手がかかったので）が入っていた。

その紙袋は、まったくの無地のものにＫｎさんがデザインを考え、絵を描いてつくったものだった。Ｉｋさんの絵と同様に、卒業生たちが研究対象にした動物が描かれている。ゼミ生たちにとって対象動物は、そして卒業研究は、よい意味で**かなり骨身にしみたのだろう。**

ちなみに、私はその日、どうしてもはずせない出張があり、パーティーの途中でそっと抜けたのだ。それまでに学生たちとは何度も別れを惜しみ言葉を交わしていたので、会場に散らばっていた学生たちには何も言わず会場をあとにした。

学生たちは、パーティーの後半に、みんなでそろって私のところへ来てそのプレゼントを渡す予定にしていたらしいのだ。ところが私がいるはずのところにいないので、**どこへ行った?** **どこへ行った?** となったらしい。

そんなわけで、私が袋となかのプレゼントを受けとったのは、数日後、後輩のゼミ生たちからだった。

さっきも言ったが、それらのプレゼントは、私と彼らしか知らないような出来事が詰まったものだった。そして、そのとき、もう彼らはそれぞれのこれからの場所へと旅立ってしまっていた。それを思うと、私が涙目になるのも当たり前のことだった。

さて、本章では、そういった出来事も思い出しながら、絵がうまかったゼミ生二人のうちの一人、Ｋｎさんが卒業研究で行なった**「カエルの餌選択行動」**についてお話ししたいと思う。大学の近くの河川敷に、（私もついて）よく行って、**トノサマガエル、ツチガエル、アマガエル**を捕まえ、食べているものをひたすら調べたのだ（どうやって調べたかについてはまた後ほど）。

Ｋｎさんは**とにかくカエルが好き**だった。

ゼミ生として入ってきたＫｎさんにどんなことを研究したいか聞いたところ、Ｋｎさんは迷わず、「野外に出たい」、そして「カエルについての動物行動学的なことが調べたい」と言った。

私は、卒業研究のテーマについては、できるかぎり本人の希望にそうものにしてあげようと思っている。どーせ卒業研究では学生は大変苦労するのだから、**好きなことで苦労をさせてあげたい**と思うからだ。

さらに、私がサポートするとはいえ、学生が自分で考えつつ進められるテーマにしてあげたいとも思っている（もちろん大学生の卒業研究にふさわしい内容であることは言うまでもないが）。そうでないと、卒業研究を通しての学生本人の成長はないと考えるからである。

そんな思いでKnさんの条件を満た

カエル好きのKnさん。研究・実験用のトノサマガエル、ツチガエル、アマガエルを大学の近くの河川敷で捕獲しているところ

すテーマをいろいろ考えた。

いちおう、これまで行なわれてきた国内外の、野外活動をともなうカエルの動物行動学的研究をいろいろ調べてみた。Ｋｎさんと一緒にカエルがたくさんいる河川敷や田んぼにも行き、いろいろ予備的な調査もしてみた。そして最終的に落ち着いたのが「トノサマガエル、ツチガエル、アマガエルは餌の選択に関してどんな効率的な戦略を用いているか」というテーマだった。

ちょっと補足しよう。

動物行動学では、進化の仕組みに照らして、動物の餌の獲得に関して次のような根本的な仮説を柱にすえている。

「動物は、それぞれの種の生活環境のなかで、より少ない（体内の）エネルギーを消費して、より大きなエネルギー（つまり餌）を獲得するように行動するだろう」

進化の仕組みに照らせば、より少ないエネルギーの消費でより大きなエネルギーを獲得するような個体のほうが、純利益（獲得エネルギーから消費エネルギーを差し引きしたもの）は大きくなる。そのエネルギーを使って生存・繁殖に成功しやすくなる（つまり進化的に残りやすくなる）というわけだ。

その仮説を実証した研究を少しだけ紹介すると……。


イギリスの動物行動学者、R・W・エルナーとR・N・ヒューゲスは、**ヨーロッパミドリガニの二枚貝の捕食行動**について調べた。

ヨーロッパミドリガニは二枚貝の殻をこじあけて中身を食べるのだが、観察していると、特定の大きさの貝を、それより小さい、あるいは大きい貝より多く食べているように感じられた。

そこでエルナーとヒューゲスは、ヨーロッパミドリガニに、いろいろな大きさの貝を与え、それぞれの大きさの貝の殻をあけるときの時間（この時間はカニが殻をあけるために消費するエネルギー量と対応する）と、中身の栄養の量（カロリー数）との関係を調べた。貝が小さいときは殻をこじあけるのにかかる時間は短いが、中身の栄養量も少ない。一方、貝が大きいときは殻をこじあける時間は長くかかるが、中身の栄養量は大きい。

ではどれ**くらいの大きさの貝を選ぶのが純利益、あるいはエネルギー獲得の効率が一番よいのか？**　エルナーとヒューゲスは、いろいろな大きさの貝をヨーロッパミドリガニに食べさせ、

「中身の栄養量（カロリー数）÷殻を開ける時間」＝「単位時間あたりに得られる栄養量」を実際に計算してみた。その結果、少なくとも計算上は、最も効率がよい貝の大きさは、長径約二・五センチであることを見出した。

そして、今度は、ヨーロッパミドリガニの自然生息地で、カニたちがさまざまな大きさの貝のなかからどれくらいの大きさの貝を最もよく選んでいるかを実際に調べてみた。すると、その大きさは、計算値と近い、長径二・二〜二・五センチであることがわかった。

もう一つ具体例を紹介しよう。これも貝に関連した事例にしよう。カナダの動物行動学者R・ザックが行なった、**カラスによる貝の捕食**に関する研究である。

カナダの西海岸地方では、ヒメコバシガラスが、巻き貝を上空から落下させ、海岸の岩に当てることによって殻を割る行動を見ることができる。この場合、純利益に大きく影響するのは、カラスが舞い上がって殻を落とす高さだ。カラスはそこそこの体重を有するので、自分の体を、羽ばたきによってもち上げるときに消費するエネルギー（舞い上がる高さが増せばその消費エネルギーも増す）が重要なのだ。

そして問題は、**どれくらいの高さから落とせば、少ない消費エネルギーで貝を割ることがで**

きるか、ということだ。

舞い上がる高さが低いと殻にはひびも入らず、中くらいの高さだとひびが入り（その高さで何回か落とすと殻は割れる）、あまり高すぎると、殻はわずかな回数落とすだけで割れるが一回の舞い上がりに費やすエネルギーは当然大きくなる。

ザックは、自ら、さまざまな高さから貝を岩に落とし、殻が割れるまでに必要だった回数を記録し、それぞれの高さにおける総消費エネルギー（高さ×回数）を調べた。その結果、約五メートルの高さから落とす（そのときは殻を割るために六回ほど落とさなければならなかった）場合が、総消費エネルギーは最小になることがわかった。

そして、今度は、殻をくわえたヒメコバシガラスたちが、実際に、どれくらいの高さまで舞い上がり、落としているかを測定してみた。

すると、やはりカラスたちも五メートルあたりまで舞い上がって貝を落としていることがわかったのだ。

ちなみに、カラスたちは、海岸にある巻き貝のなかから比較的大きいものを選んでいることもわかった。

これも、動物たちが、**餌の獲得において、純利益を最大にする行動特性**を有している事例と

トノサマガエルやアマガエルでは成長とともに
ねらう餌が大きくなるのにツチガエルではそうでもない。なぜか？

して有名だ。

さてＫｎさんのカエルの研究だ。

Ｋｎさんが調べたことは、「トノサマガエル、ツチガエル、アマガエルに関して、それぞれのカエルが、どんな種類の餌を多く捕食しているのか、餌の大きさはどうか」、そして、「それらはカエルが成長して体が大きくなると変化するのかどうか」というものだった（それまでに〝カエルの体の大きさと餌の大きさの関係〟について調べた研究はなかった）。

こういった内容を調べた理由は、ほかでもない、カエルの餌選びについても、「純利益を最大にする」という現象が見られるかどうかを検証するためであった。

もう少し具体的に言おう。次のような現象が実際、起こっているかどうかを調べたのだ。

Knさんが対象にした3種のカエル（左からトノサマガエル、ツチガエル、アマガエル）。どれも体色とまわりの配色が似ている（つまり、隠蔽色の体色ということ）

①餌の種類として、ツチガエルはもっぱら地表を這いまわる動物を捕食する傾向があるのではないか。アマガエルは、草の茎や葉などにいる地上の動物を捕食する傾向があるのではないか。そして、トノサマガエルは地上、地表、両方の動物を捕食する傾向があるのではないか。

②カエルは、体が大きくなると、その体に対応した大きめの動物を選択的に捕食する傾向があるのではないか。そして、捕食動作により大きなエネルギーを使う種ほどその傾向は明確になるのではないか。

どうしてこのような可能性（仮説）が考えられたのか、について説明する前に、Ｋｎさんの調査場面のいくつかをお話しししておきたい。

読者のみなさんは、**「カエル捕り？　なんか面白そう！」**と思われるかもしれない。確かに面白くはあるのだが、でも、河川敷での捕獲は結構大変なのだ。カエルたちも必死で逃げようとする。草の茂みの下にもぐりこまれたり、河川敷を流れる小川に飛びこんで水底を移動されたりしたらもう見つけようがない。

草が足や体にからみついて行く手を阻むし、夏の晴れた日は直射日光が容赦なく降り注ぐ。

片手には網を携えているのだが、網はまれにしか役に立たなかった。基本的に目を皿のようにして草むらを見つめ、葉の上や草と地面との間、地面の枯れ葉の下などに見つけたカエルにそっと近づき素手で押さえこむのだ。でもたいていは、**カエルは手の下からするりと抜けて逃げていく。**うまく捕まえられる確率は三〇パーセントを超えなかっただろう。

でも、Ｋｎさんの辛そうな顔を見たことは一度もなかった。いつでもニコニコ、逃げられてはムッとする私と違って、カエル捕り自体を楽しんでいるように見えた。やっぱり、**カエルが好き**なんだろう。それと、私と違って、「人間ができている」……ということなのだろう。

何時間かかけて、それぞれの種類を数十匹捕まえて大学にもどるのだが、それからＫｎさんは、実験室で、時々顕微鏡を眺めながら、愛用のピンセットで**「強制嘔吐法」**を始める**（私がカエルだったら、そんなことをされるのは絶対に嫌だ）。**カエルの身になると、捕獲されて大学に運ばれてきたあと、次なる災難が降りかかってくるわけだ。

「強制嘔吐法」というのは、カエルたちがもともともっている「有害なものを誤食したときなどに自ら**胃を反転させて口から外に出し**有害物を吐き出す」という習性を利用した方法だ。

カエルの口を開き、ピンセットを口のなかに入れていき、食道や胃の内面を刺激しつつ、同時に、腹の上から指で、胃のあたりを口のほうへ向かって押し上げるのだ。すると、カエルの胃は反転した状態で外へ出てくる。つまり胃の内面が、華が開くように広がるのだ。

当然のことながら、そこには、まだ**未消化の餌がぽつんぽつんとくっついている。**それをピンセットでつまんで、シャーレに入れる、というわけだ。

ちなみにこの方法、うまくやらないと完全な嘔吐にまでいたらなかったり、短時間ですませなければカエルが死んでしまった

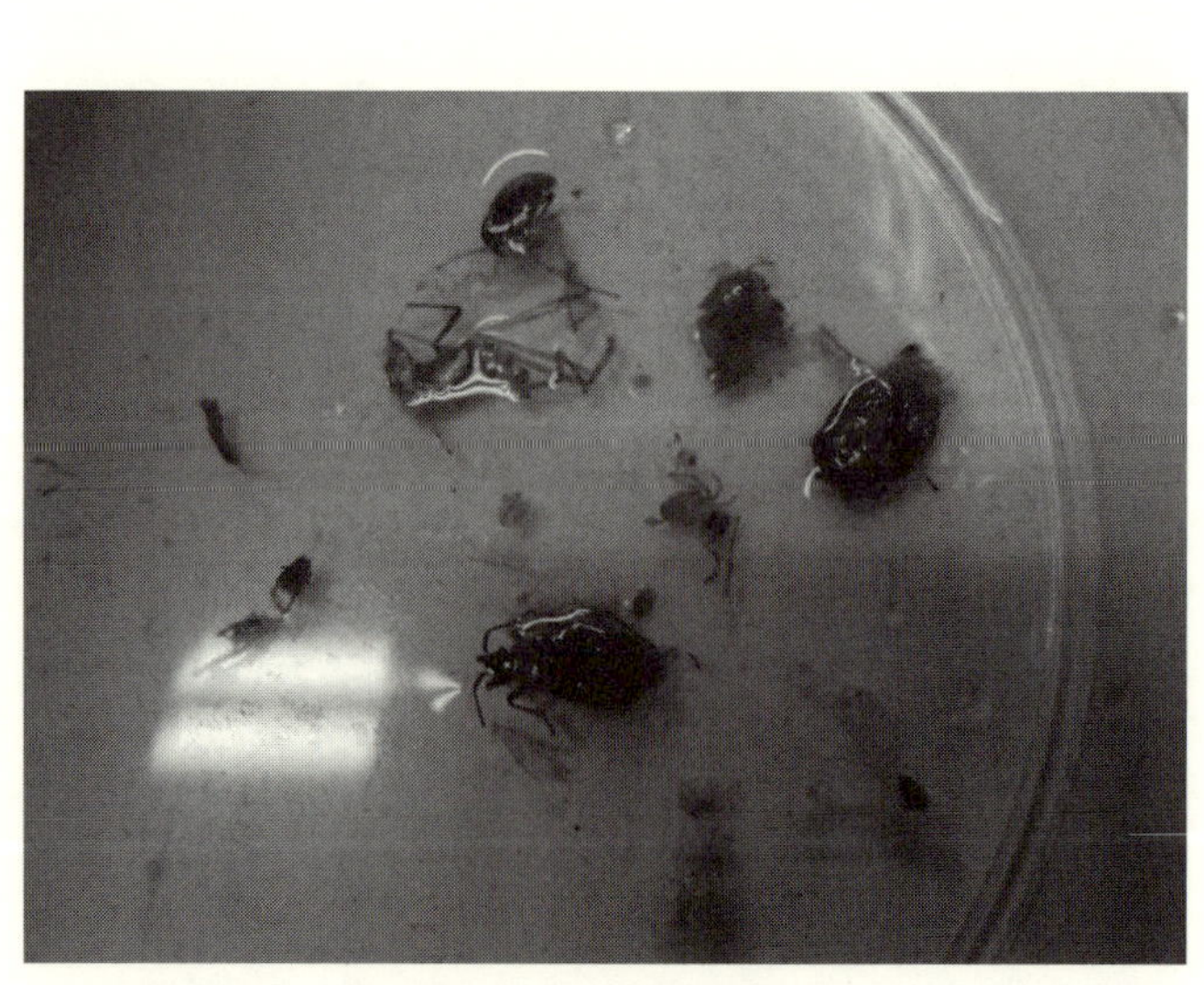

カエルの胃を反転（強制嘔吐）させ、未消化の餌をピンセットでつまんでシャーレに入れる。さて、どんなものを食べているのか……

りすることがある。特に、体が小さいアマガエルにとっては負担が大きい技術だ。つまり**実施者の腕が試される**のだ。何でもそうだが、技術の道は奥が深いのだ。

Ｋｎさんには、「強制嘔吐法」の師匠がいて、その指導を受けて腕を磨いた。その師匠とは一年上の先輩にあたるＹｂくんで、Ｙｂくんも、（Ｋｎさんとはまったく違ったテーマだったが）カエルの胃を反転させて、食べているものを調べる作業が必要な卒業研究を行なった。

Ｙｂくんは、〝努力の虫〟のような雰囲気をもち、「強制嘔吐法」についても独力で上達していった。いつもピンセットを持ち歩いていることはゼミ生たちの間でよく知れわたっていた。

一度、調査地に行ってカエルを採集してくると、Ｋｎさんは実験室にこもり、「強制嘔吐法」も続けながら、三、四時間、あるいはもっと長くかけて、それぞれのカエルが食べた餌の種類の同定や大きさの測定を行なった。

では、もとの話にもどろう。

カエルの餌選びにおいても**「純利益を最大にする行動特性」**が発揮されているとしたら、次のような現象が見出される可能性がある、というのが〝もとの話〟だった。

①餌の種類として、ツチガエルはもっぱら地表を這いまわる動物を捕食する傾向があるのではないか。アマガエルは、草の茎や葉などにいる地上の動物を捕食する傾向があるのではないか。そして、トノサマガエルは地上、地表、両方の動物を捕食する傾向があるのではないか。

②カエルは、体が大きくなると、その体に対応した大きめの動物を選択的に捕食する傾向があるのではないか。そして、捕食動作により大きなエネルギーを使う種ほどその傾向は明確になるのではないか。

どうしてこのような可能性（仮説）が考えられたのか説明しよう。

まずは、②の可能性から。ちなみに、これは**Ｋｎさんの研究の独創的なところ**で、これまで調べられたことはない内容である。

ヨーロッパミドリガニやヒメコバシガラスの場合のように、動物は（もし選ぶことができる状況なら）、餌を口に入れるまでに使うエネルギー（殻をあけたり、空中へ舞い上がって下へ落としたり、跳びついたりなどなど）に対して、それをできるだけ上まわる量のエネルギーを含む餌（適度に大きい餌）を選ぶように進化しているはずである。

だとしたら、カエルでも、自分が捕らえることができる餌のなかから、それぞれの個体が**口**

に入れて飲みこむことができる最大の大きさに近い餌を選ぶように進化していると推察される。

さて、ほんとうにそういう特性をもっているだろうか？（ややこしくてすいません。ついでにややこしいことをもう一つ）

さらに、**進化の仕組み**から考えると、**「餌を口に入れるまでに使うエネルギー」**が大きい場合のほうが、そういった特性は、より強くなるはずである。なぜなら、「餌を口に入れるまでに使うエネルギー」が大きい場合、それだけのエネルギーを消費するのだから、間違えずに、大きな餌を捕らなければ、〝損〟が大きくなってしまうではないか。逆に言えば、「餌を口に入れるまでに使うエネルギー」が小さい場合、少々間違えて小さな餌を捕ってしまっても、〝損〟は小さいではないか……というわけである。

では、カエルの場合、「餌を口に入れるまでに使うエネルギー」というのは具体的にはどんなものだろうか。

それは、「獲物に向かっての〝跳びつき〟のために使われるエネルギー」である。

次ページの図を見ていただきたい。

この図は、Ｋｎさんが、カエルが捕食する場面を撮った数十本のインターネット動画サイト（YouTube）の映像を参考にして描いたものである。

図中の●が餌で、それぞれ上からトノサマガエル、ツチガエル、アマガエルが、餌にねらいを定めて跳びつく動作（右側から左側へと流れる）の特徴をＫｎさんなりにとらえている。

重要な点は、トノサマガエルとアマガエルは（特にアマガエルは）、少し離れたところから餌にねらいをつけ、長い脚と発達した脚の筋肉をフルに使って（つまり比較的大きなエネルギーを使って）餌を口に入れるのに対し、ツチガエルは、地面を動き

カエルが餌に跳びつくときの動作（右から左へ）。●が餌である。上から、トノサマガエル、ツチガエル、アマガエル。○で囲った部分に注目してほしい（Knさんの卒業論文より）

まわるような、比較的近くにある餌をねらって、あまり脚をのばすことなく餌を口に入れるという、Ｋｎさんの印象である。

その**印象が科学的に正しいものかどうかを調べる**ため、Ｋｎさんは、すべての動画で、餌に口を届かせたときの、足先から口先までの長さ（図中ではトノサマガエルを例にしてａで示している長さ）と、のびた脚の長さ（図中ではｂ）を測り、「ｂ÷ａ」の値を求めた。

なぜａで割ったのかというと、体長が長い個体だとｂの値が大きくなるのは当たり前なので、それぞれの個体の体長が同じだったとみなしたときの、捕食時の脚ののびの程度を「ｂ÷ａ」によって求めるためである。

「セントバーナードとチワワはどちらが大食いか」ということを調べるとき、一回に食べる量をそのまま比べたら、そりゃあセントバーナードのほうが多いに決まっている。この問いにとって参考になる数値を求めるには、セントバーナードが食べた量とチワワが食べた量を、それぞれ、セントバーナードとチワワの体重で割ってみればよい。体重あたりの摂食量がわかる。まーそんな感じのことをやったわけだ。

その結果、Ｋｎさんの印象は正しく、トノサマガエルとアマガエルでは「ｂ÷ａ」が約〇・

六になり（わずかにアマガエルのほうが値が大きい）、ツチガエルでは約〇・三になることがわかった。

つまり、トノサマガエルとアマガエルでは、餌を捕るときの「獲物に向かっての〝跳びつき〟のために使われるエネルギー」が大きく、ツチガエルの場合はそれほど大きくない、ということである。

そして、そのうえで、三種のカエルについて、体の大きさ（これは体重の値を目安とした）がさまざまな個体が、どれくらいの大きさの餌を食べているかを比較してみたのである。その結果、わかったことは、トノサマガエルとアマガエルでは、体が大きい個体は大きな餌を食べている割合が大きく、体が小さくなるにつれて、食べている餌の大きさが、体の大きさに比例するように小さくなっていた。

ところがだ。ツチガエルについては、そういう傾向が見られなかった。

大きな個体も小さな個体も、同じような、さまざまな大きさの餌を食べていたのだ。もちろん特に大きな餌は、大きな個体の胃からしか出てこなかったが（小さいツチガエルには物理的に食べるのが無理だろう）、大きなツチガエルだからといって、大きな餌を選択的に食べているという傾向はなかったのだ。

トノサマガエルやアマガエルでは成長とともに
ねらう餌が大きくなるのにツチガエルではそうでもない。なぜか？

仮説とぴったりだ！

「捕食動作に大きなエネルギーをかけるカエルの種は、大きな餌をねらう傾向があり、小さなエネルギーしかかけない種は、餌の大きさにこだわらない」

もちろん、Ｋｎさんが得た結果だけで、仮説が証明されたと言うには実験量が少なすぎる。でも、カエルの特性、特に、心理的特性、あるいは**カエルの〝思い〟**のようなものを知るうえで重要な結果であることは確かだ。

さらにＫｎさんは、トノサマガエルを対象にして、大きさの異なる個体に、下の写真のような、石粘土でつくった疑似餌モデルを目の前でちらつかせ、どの大きさのモデルに跳びつくか（食べようとするか）を、ビデオに撮って分析した。

トノサマガエルの体の大きさと、跳びつく餌の大きさとの関係を調べるために用意した疑似餌モデル。左から、長径が、3.5cm、2.8cm、2.3cm、1.6cm、1.3cm

その結果、二五グラムの個体は、左から二番目の疑似餌（長径二・八センチ）に跳びつく傾向が比較的強く、一五グラムの個体は、左から四番目の疑似餌（長径一・六センチ）に跳びつく傾向が比較的強かったのだ。

トノサマガエルでは、大きな個体は、大きい餌を選択的にねらう傾向があることを実験は支持しているのである。

次に、残してきた①の可能性、「餌の種類として、ツチガエルはもっぱら地表を這いまわる動物を捕食する傾向があるのではないか。アマガエルは、草の茎や葉などにいる地上の動物を捕食する傾向があるのではないか。そして、トノサマガエルは地上、地表、両方の動物を捕食する傾向があるのではないか」についての検証である。ちょっと理屈っぽくなってきたので駆け足でお話ししよう。

Ｋｎさんの卒業研究のテーマ「トノサマガエル、ツチガエル、アマガエルは餌の選択に関してどんな効率的な戦略を用いているか」という視点から見ると、①の可能性が確認できれば、効率的な餌獲得の戦略として報告できると思ったのだ。

どんな動物でも、長時間過ごす場所で餌を捕ることができれば、餌を捕るためにエネルギーを消費して遠くへ移動するよりも、効率的と考えるのは当然のことだ。

Ｋｎさんは、強制嘔吐法で得られた、それぞれの種のカエルが食べていた餌を、事典類なども参考にして、おもに地面を徘徊する**「地表性動物」**（ワラジムシ、ハサミムシなど）、草の上層部にいることが多い、また、飛翔することが多い**「地上性動物」**（バッタ、ハチなど）、さらに両方の性質をもつ**「地表・地上性動物」**（アリ、クモなど）の三種類に分け、トノサマガエル、ツチガエル、アマガエルそれぞれが食べている動物の種類の割合を調べた。

その結果、ツチガエルは「地表性動物」が多く、アマガエルは「地上性動物」が多く（「地表・地上性動物」もツチガエルよりはずっと多い）、トノサマガエルは「地表・地上性動物」が圧倒的に多いことを確認した。

まー、**予想どおりとはいえ、**実際に確認できたことは意義深い。

ハイ、駆け足。

さて、月日は過ぎていき、卒業の足音が聞こえてきた。

ゼミ生たちはそれぞれ、**私の厳しい厳しい指導**を受けながら、卒業論文を仕上げ、一方で、卒業に向けた、いろいろな準備も始めた。

　準備の一つ、私へ贈る冊子に、Ｋｎさんは、「コバゼミに入るためにこの大学に来て、**先生のもとでカエルの研究ができて幸せでした！**　ありがとうございました」と書いてあった。

　いい話ではないか。


　最後に、卒業式の日のパーティーで、私が中座したために、数日後に受けとることになった紙袋に入っていた、ゼミ生から私へのプレゼントのなかの一つをお披露目して本章を終わりたい。

　私はＫｎさんも含めたゼミ生たちのフィールドワークに、私の車で行くことがよくあった。

そして学生たちには、きっと、気にかかってい

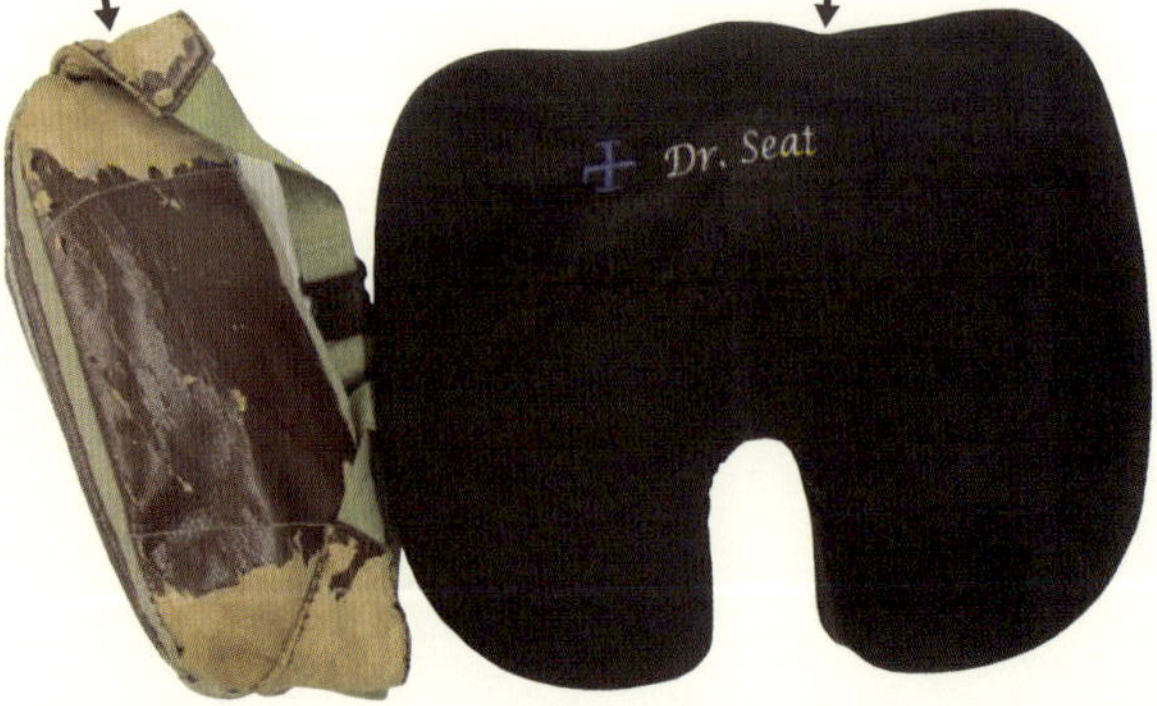

卒業式の日まで私が背もたれにセットして使っていたもの

卒業生からプレゼントされたもの

腰痛もちの私のために、卒業していくゼミ生たちが、車の背もたれにセットするクッション（右）をプレゼントしてくれた

トノサマガエルやアマガエルでは成長とともに
ねらう餌が大きくなるのにツチガエルではそうでもない。なぜか？

たのだろう。腰痛気味の私が、運転座席の背もたれに、腰の状態を好ましい角度にするためにセットしていたマットのことが（前ページの写真の左）。

マットは、もう何年間も変えずにいたので、表面ははげ、かなり傷んでいた。

そして、プレゼントの一つは、名づけて「Dr. Seat」………腰痛者のための、車の背もたれにセットするクッションだった。

そのフォルムは、私が長年使い古したものより、腰痛には、かなり効果的だった。検証研究はやっていないが私にはわかるのだ。

海が見える原っぱで草を食(は)むヤギたち

鳥取県淀江(よどえ)の「メイちゃん農場」を応援したい！

「メイちゃん農場」というのは、鳥取県米子市淀江町今津で、大下哲治さんが経営されている農場である。

「メイちゃん」というのは、大下さんが最初に飼われたヤギの名前だという（公立鳥取環境大学ヤギ部にもメイという名のヤギがいる。関係ないけど）。

大下さんが考えておられるビジョンはおいおいお話しするとして、その農場の特筆すべきすばらしさの一つは、農場のすぐそばに、**海、海があり、**牧場の背後に、（もう一回）**海が見えるーー！**ということである。

今、二〇一八年八月だが、これまでに何

鳥取県米子市にあるメイちゃん農場

度か訪ねてみて（大学から二時間半くらいかかる）、来るたびに感動する。農場に一番近い海辺は**「プライベートビーチ」**という言葉がピッタリの素敵な姿をしている。

二〇〇メートルくらい続く（日本海と言えど満潮干潮で多少は変わるし、まー大体）半円状の入江になっており、一番深いところでも一メートルくらいの浅瀬が広がっている。ここで泳いだりカヤックを浮かべたりしたら、**さぞ楽しいだろうなー、**といつも思うのだ。

ちなみに、アメリカのサイエンス・ライター（ほかにもさまざまな顔をもつ）ベリンダ・レシオが書いた『数をかぞえるクマ　サーフィンするヤギ――動物の知性と感情

メイちゃん農場のすばらしさのひとつ。農場に隣接して海があること！

をめぐる驚くべき物語』（NHK出版）のなかには、**海辺でサーフィンをするヤギ**の話が紹介されている。本来、切り立った岩場のような場所を生息地にするヤギは、バランス感覚が抜群で、とてもうまくサーフィンをこなすのだという。その話を知っていた私は、大下さんに、ここでも〝**サーフィン・ヤギ**〟**を誕生**させたら、農場を訪れる人も増え、ヤギも大下さんもハッピーになるよ、と口説いたことがある。

魅力はまだまだ、まだまだある。

入江の水際にはたくさんの海藻や貝、カニ、ヤドカリなど（！）がいる。

入江の手前には、五〜一〇メートルくら

入江の水際にはたくさんの生物がいる

いの幅の砂浜があり、**ヤギたちを散歩**させると、そこに生えているハマゴボウやハマヒルガオなどの海岸植物を美味しそうに食べるのだ。

さらに、その入江には、大山（だいせん）（中国地方最高峰の山）やそれを囲む山々にしみこんだ雨水が、地面から湧き上がって小川になり、砂浜を横切って流れこんでいるのだ！　この小川が入江に石を運び、生物の生息空間をつくっているというわけだ（たとえば、砂だけの入江にはけっしてホンヤドカリはいない）。小川のほとりにはアシが生え、ヤナギの木立も見られた。……**すばらしい。**

山にしみこんだ雨水が湧き上がり、小川となって入江に注いでいる。小川のほとりにはアシが生え、ヤナギの木も見えた

本章のタイトル「海が見える原っぱで草を食むヤギたち」は、そういった海のすぐそばの農場に暮らし、時々、浜辺や畑や田んぼの畦(あぜ)の草を食むヤギたちのことを言ったのである。

大下さんにはじめてお目にかかったのは、二〇一八年三月だった。

大下さんから大学に電話があり、**「ちょっとおじゃまして話を聞いてもらえないか」**ということだった。それを受けて大学の研究室でお会いした。

面と向かったとき、人懐っこくて、でもシャイで、さわやかで、そのうえで、たくさんの苦労をしてこられたのだろうなーと感じさせる深さをたたえた表情がそこにあった。

私が学生だったころ、仲よくしていた友人を思い出した。

大下さんは、自分の経歴やその時々の思いもまじえながら、メイちゃん農場について、とうとうと話をされた。

私は、**その話に引きこまれるような感覚を覚え、**黙ってうなずきながら聞いた。

「人生の目標を探してカナダや中国に数年間、行かれていたこと」「故郷(淀江)で、過疎化とともに増えていく空き家や耕作放棄地を眺めながら、なんとかもとの活気に満ちた地域にもどせないか………それが一番自分のやりたいことだと確信したこと」「ご家族のこと」「老夫婦からまかされて増えてくる耕作放棄地の管理の大変さ」「ヤギとの出合い」などなど。

………そしてそれから、話はヤギの話に集中するようになってきた。「餌の調達の難しさ」「誕生したヤギを、母子ともに健康に飼うことの難しさ」「良質な乳を得るための母ヤギへの配慮の難しさ」「そんななかでヤギを少しずつ増やし、良質なヤギ乳でチーズやケーキをつくりはじめたこと」「そのために超えなければならなかった法的な制約」「製法の試行錯誤」………。

　メイちゃん農場のチーズやケーキを持って来てくださっていたので、あとで学生と一緒に食べた

メイちゃん農場のヤギ乳とヤギチーズをたっぷり使用して焼き上げたチーズケーキ。味もよく、パッケージもしゃれている

が、全員**「美味しーーい！」**。

製品の包み紙のロゴもセンスがよかった。

ただし問題は、製造の量が少なく、売上も多くない、ということだった。

いつか故郷の人たちにもヤギ農場の乳を使った製品の製造にかかわってもらい、生産量を増やし、また地域の人たちが働く場をつくり出せないか、という構想ももっておられた。

また、大下さんは、ヤギ農場の周辺の田んぼや海、名勝もいかし、田植え体験や漁船にのっての魚獲り体験、自転車での名勝めぐりなどを盛りこんだ**「田舎・文化体験ツアー」**のようなものも考えておられた。年々増えている空き家を宿泊所にして。

大下さんの話がひとしきり終わったとき、私の口をついて自然に出てきた言葉、それは、

「大変だったでしょう」

だった。

山村育ちの私は、小さいころから田んぼや畑の手伝いもよくやっていた。米の収穫のための、田んぼの一年間の管理の仕方も（水の確保から雑草とりなども含め）頭や体が知っている。機

械化が進んでも、個人規模でやるとなると、それは大変な作業なのだ。

またヤギの飼育の大変さもよく知っている。

大学のヤギ部では、ここ一七年の間に何頭かのヤギが死んだ。出産も一度経験した（これは予定外だったが）。ここ数年こそ、部員数が増え、部員たちだけでほとんどの世話をやっているが、ヤギたちを健康に飼育することの大変さはわかっているつもりだ。

大下さんは、ヤギたちの死にも立ち会い、獣医師などの専門家からも教えを乞いつつ、少しずつ学び、ストレスがない母ヤギから良質の乳を得る独自のやり方を編み出してきた。そのうえで、ヤギ乳からのチーズやケーキづくりも、道半ばではあるが、希望が見えるところまでたどり着いたのだ。

何度も打ちのめされ、**そのたびに起き上がって歩いてこられた、**その過程の気持ちのようなものが私の頭のなかにリアルに想像され、自然に「大変だったでしょう」という言葉が口をついて出たのだ。

大下さんの話のなかには次のようなものもあった。

そのとき大下さんは、ヤギの餌用に刈りとった牧草を〝押切り〟で切っていた。〝押切り〟とは、ギロチンの要領で草を短い長さに切っていく道具だ。片手で草を台の上にのせ、もう一方の手で刃のついた柄を下げると草が切れる、という仕組みだ。

連日の仕事で疲れていたという。さらに、そのとき試作に取りかかっていたヤギチーズを使ったスイーツがなかなかうまく仕上がらず、どうすればよいかずっと考えていた。

〝押切り〟の刃をぐっと下げると、草を持っていたほうの手の指が前に出すぎているのに気づかず、左手中指の先が三センチほど、草と一緒に切断された。

大下さんは、**急いで指を持って、近くの病院に駆けこみ、**すぐに処置が始まった。

そして、なぜか理由はわからないが、**その処置の途中で思いついた**のだという。

「チーズを酒の粕につけておいたらどうだろうか」

その方法はうまくいき、チーズケーキの深い味わいの秘訣になっている。

その指は、無事、くっついてはいたが、少し曲がっていて、当然のことだが、神経が切れているので自分の意思で動かすことはできないという。

私も子どものころ、父を手伝って、脱穀ずみの稲わらを短く切って肥料にするため、〝押切り〟を使ったことがあった。だから大下さんの話がリアルに響いた。

そんな事故にあいながら、大下さんの脳の無意識の領域は、ヤギ乳チーズケーキのつくり方を模索していたということだろうか。

もちろん、ハードルを一つひとつ乗り越えてやってこられたわけだから、たとえ小さくても喜びのときもたくさんあったにちがいない。

私の「大変だったでしょう」という言葉のなかには、そんな思いも入っていたと思う。

私の言葉に、大下さんの目が潤んだのが見えた。

あとで大下さんはメールで言われた。「今まで、自分のなかで抱えこんできた思いが、教授の言葉で噴出しました」、と。

私にもその気持ちはよくわかった。

懸命に生きる人間なら誰しも経験することだろう。それは、**誰かが自分の経験してきた苦しさをわかってくれている、と感じたときの気持ちだ。**

大下さんが訪ねてこられてから二カ月ほどたった五月のある日、私は四年生のゼミ生三人とメイちゃん農場を訪ねた。

よく晴れた気持ちのよい日で、農場の近くの駐車場に近づくと、五〇メートル四方ほどの農地で、一〇頭ほどのヤギが草を食べているのが見えた。白色のヤギにまじって黒色のヤギも何頭かいた。

あとでわかったのだが、ヤギたちの宿舎の裏側にある柵に囲まれた区画には、**春、生まれた子ヤギたち**がいた。どの子も、ヤギの子どもに特徴的な、長い耳をもち、時々、見慣れないわれわれを、**「誰？」と問うような顔で見ながら、**一生懸命草を食べていた。

春に生まれたメイちゃん農場の子ヤギたち

農地の向こうには、コンクリート塀や〝あずまや〟などを隔てて、**青い青い海が見えた。**

さて、あとになってしまったが、そのときの訪問には、二つの目的があった。

一つは、将来の仕事として農場で働くことに興味を感じていたNkさんにメイちゃん農場を見せてあげたかったこと、そしてもう一つは、私が、大下さんが構想を立てていた「田舎・文化体験ツアー」のなかに、**「海辺のヤギ散歩」**や**「ヤギと一緒の海辺生物大散策」**のような活動が入れられないか下調べをする、ということだ。

ちなみに、その前の訪問（雨にたたられたが）では、ヤギ部の部長のSyくんと副部長のTkくんと三人で行った。それがメイちゃん農場への最初の訪問だった。

とにかく自分自身の目で様子を見てみたい、と思ったからだ。

あいにく雨に降られたが、ざっと海辺を見て、大下さんが「田舎・文化体験ツアー」の対象と考えていた淀江町のいくつかの名勝も回ってもらった。

それからメールなどをやりとりし、〝五月のある日の四年生ゼミ生三人〟との訪問だったわけだ。

「海辺のヤギ農場」というほかの場所にはない抜群の要素を存分にいかしたほうがいい、という私の勝手な思いは、いっそう強くなった。

先にもお話ししたが、生き物が豊富な浅瀬が広がるプライベートビーチのような海も、小川と海という対比も、浜辺の植生も、**知識的に、そして芸術的によかった。**とてもよかった。

海に入って遊んで、動物を観察して、浜の机の上で実験をして、頭を学習モードから収穫モードに切り替えて、大きなカニなどは浜での**バーベキューの材料**にしてもいい**（カニさんごめんなさい）。**

そこには上質のヤギ乳でつくったチーズ

ヤギ散歩。私は愛想のよいヤギの首輪にリードをつけて浜に連れ出した

やケーキもある。**最高だね。ヤギ散歩もいい。**

大下さんに頼んで、愛想がよいヤギを選んでもらい、実際にやってみた。ヤギ散歩。首輪にリードをつけて、浜に連れ出したのだ。

ヤギは、時々好きな植物を見つけると止まってむしゃむしゃ食べ、少しするとまた歩き出す。**その時間の具合が、またよいのだ。**海のニオイと風を感じ、海の青さと浮かぶ雲の白さを感じながら、ヤギと一緒に歩くのだ。

私が海辺のヤギ散歩をしていると、ゼミ生のTnさんとMgくんは、入江でカニを

入江では、同行したゼミ生２人が、カニを捕ったり、ビーチに流れこむ小川に網を入れたりしていた

捕ったり、小川に網を入れたり（ヨシノボリ類が捕れていた）して過ごしていた。

Ｎｋさんは、大下さんと〝あずまや〟でいろいろ話をしていた。Ｎｋさんが、**将来へ向けて心の内を話しているのだなー、**一緒に来てよかったなーと思った。

こうして、Ｎｋさんの、大下さんとメイちゃん農場への引き合わせと、「海辺のヤギ散歩」や「ヤギと一緒の海辺生物大散策」の下調べは、第一段階としては、さわやかな結果になったのだ。

さて、これからメイちゃん農場は、そしてＮｋさんはどのようにのびていくのだろうか。

Nkさんは“あずまや”で大下さんと話しこんでいた

地方の活性化は、特に、自然を持続可能な状態で利用しながら活性化に結びつけることは、容易なことではないだろう。だからこそ、そのモデルの一つとして、メイちゃん農場には是非、大きくのびてほしいのだ。

私も応援するので、読者のみなさんも、製品の購入などを通して応援していただければ幸いである。

メイちゃん農場について知りたい方や、製品に少しでも興味を感じられた方はhttps://meichanfarm.shopにアクセスしてみていただきたい。

品質と味は、………いい！

「キャンパス・ヤギ」の誕生!?

自分を信じることの大切さを教えてもらったような気がする

二〇一六年九月に完成した実験研究棟では、研究室の窓から二〇メートルほど先にヤギの放牧場が見える。

結構、いい眺めだ。

椅子に座ってデスクワークをしていて、ふと目を上げると、そこにヤギの小屋があり、ちょうどいいくらいの高さに刈りとられた（ヤギたちが食べた！）草地があり、いつも、というわけにはいかないけど、ヤギたちの群れが柵の向こう側に見えるのだから。

ただし、この光景を見るようになってから時々、私の目に、**ちょっと気になる姿が飛びこんでくる**ようになった。

どう見ても柵の外側で（つまり柵を出て）、柵内にはない、たぶん美味しい草を食べたり、建物の近くを、**まったく自由に歩きまわる一頭のヤギ**である。

私はもちろん**そのヤギをよーーく知っている。**………「アズキ」だ。そして、なぜアズキは（アズキだけが）、こんなにも自由奔放な状態で過ごしているのか。そんなことができるのか。

………それも、**私はよーーく知っている。**

本章は、そんなアズキをめぐる**「自分を信じることの大切さ」**をわれわれに教えてくれる感動の（いや、それはちょっと言いすぎだが）物語なのである。

話はメイの出産のときから始まる。

本来、ヤギ部のヤギはすべて雌で、「出産」は起こらないはずだ（公立鳥取環境大学には農学部はなく、ヤギの出産にともなう諸々の活動は学生たちには負担が大きすぎるだろうと私が判断したのだ）。

でも、メイについては、大学にやって来たとき、すでに妊娠していたらしく、春にやって来て、それから数カ月後の夏、アズキとキナコを出産した！

メイは体が小さく、細身のヤギで、夏の

デスクワークに疲れ、ふと目を上げると、そこにはヤギ小屋があり、ヤギ放牧場が広がっている

はじめごろ、**「なんかお腹が大きくなってきたなー」**と思っていたら、なんとある日の朝、部員から**「メイが出産しています」**という連絡が入った。

私は、すぐに小屋に急いだが、体の小さいメイが子どもを産んで大丈夫だろうかという思いが頭をよぎった。


しかし世の中は、（ヤギの世だけど）面白いものだ。

アズキとキナコには、母親のメイを肉体的にも精神的にも支えてくれるヤギが現われたのだ。ヤギ部、最長老のヤギ「コハル」だった。

コハルはアズキとキナコの誕生直後から

最近、ちょっと気になる出来事が……。

メイのそばにつきっきりになり、子どもたちの体をなめてやったり、転びそうになった子どもたちを支えてやったり、甲斐甲斐しく世話を始めたのだ。

そして、なんと、自分が出産したのではないにもかかわらず、乳を出しはじめたのだ。つまりコハルは乳母であり、アズキとキナコは半分（以上）は、コハルの乳で育ったのだ（このあたりのことについて詳しくは、『先生、洞窟でコウモリとアナグマが同居しています！』をお読みください）。

メイは二匹の娘（アズキとキナコはどちらも雌だったので大学のヤギ部に残ることができた！　よかった）の母になってから、

柵の外で、美味しい草を食む１頭のヤギが時々見られるようになったのだ……公立鳥取環境大学で生まれたアズキだ

確かに強くなった。以前のように、部員のあとを鳴きながら追っていく姿はほとんど見られなくなった。

それでも、あの体格で二匹の子どもたちに乳を与えながら育てていくのは大変だっただろう。アズキとキナコは、健康に、体格面でも立派に育っていった。心身両面でのコハルの援助があったからこそだろう、と部員たちと話したのだった。

ちなみに、アズキとキナコは、乳離れしてからも、夜はコハルのそばで眠ることが多かった。ヤギの世界にも、乳母との精神的な絆は存在するのだ。すでに卒業したが、ゼミ生のＮｙさんは、そんな子ヤギたちと乳母との関係を卒業研究の一部として調べた。

ヤギ部一七年の歴史のなかで、二匹の子ヤギが放牧場を元気いっぱいに駆けまわる姿が見られたのははじめてだった。そして、その元気いっぱいの二匹は、**時々、柵を出て、外の草を食べることを覚えた。**

体が小さい二匹にとって、柵の横木をすりぬけることなど造作もないことだった。柵内の、メイやコハルのそばで草を食べていた二匹が、**何かをきっかけに、申し合わせたかのように、柵に向かって走り出し、**外に出て行くのは見ていて愉快だった。

外にしか残っていない草はきっと美味しかったにちがいない。ヤギたちに人気のある草（たとえばヤハズソウとかクズとか）はみんなに食べられ、柵のなかにはもうなくなってしまっているからだ。

でも、部員たちも私も、この光景が**いつまでも続くことはない**と思っていた。当然だ。そのうち子ヤギたちの体が大きくなれば、残念ながら彼女らも大人ヤギたちと同じように、柵ぬけは不可能になるだろう………と。

だから、私の研究室へ事務局の人たちから（事務局には柵の外にいる子ヤギたちを見た学生や先生が連絡してくれるのだ）、

アズキとキナコが小さかったときは、柵の隙間をすりぬけて外に出ていた。大きくなったら収まるだろうと思っていた。ところが……

「先生、ヤギが脱走しているらしいですよ」と、電話がかかってきても、次のように答えていた。

「そうなんですよ。**子ヤギだからしかたないんです。**でももう少ししたら体が大きくなって脱走できないようになりますから」

落ち着いた返事だ。**あわてることはないのだ。**それに、実際、二匹の子ヤギたちの〝柵ぬけ〟を防ぐ方法などなかったのだ。なにせ、柵全体、どこからでも脱走できたのだから。

そして月日は流れた。

アズキとキナコも成長し、当然、ほかのヤギと同じくらい体も大きくなった。母のメイより大きいくらいだった。

ということは……、そう、われわれの予想どおり、おてんば娘も、**もう柵ぬけはできなくなって……いた、**ということにはなっていなかったのだ！

正確に言うと、キナコはわれわれの予想どおりに、柵ぬけはしなくなっていた。でもアズキは、柵ぬけを続けていたのだ。その大きくなった体を、**よくもまー、と思うくらい、**せまい隙間から絞り出すようにして〝ぬけ〟ていたのだ。

ここでわれわれには**二つの疑問**が提示された。

一つ目は、「アズキと同じくらいの体の大きさの大人のヤギたちは、なぜアズキに学んで柵ぬけをしないのか？（ヤギが、ほかのヤギを模倣して、利益になる行動をするようになる能力があることはこれまでの私の観察から十分わかっていた。そして明らかにほかのヤギたちは柵の外に出たがっていた。柵の隙間から頭部だけを出して首を精一杯のばし、柵のすぐそばの草を食べている姿が何度も見られていた）」である。

二つ目の疑問は、「なぜアズキは柵ぬけ

柵の隙間から頭を出し、首をのばして外の草を食べるコムギ

を続けられたのに、キナコはそれができなかったのか？」である。

ここからは私の推察も含んだ、これらの疑問に対する答えである。

まずは、二つ目の疑問に対する答えから。

私の推察は、こうである。

アズキとキナコの、最も顕著な形態的な違いは、**ずばり、「角（つの）」である。**

下の写真は、二頭がまだ成長しきっていなかった（したがって角もまだ小さい）ころのものであるが、このころからすでにキナコは、アズキに比べて、柵ぬけの頻度が少なくなっていたように思う。

柵ぬけするヤギとしないヤギの違い？　アズキとキナコをよく見てほしい

ちなみに、大学の放牧場で角をもつヤギ（有角ヤギ）と無角ヤギを見られて、**「角があるほうが雄ですか?」**と聞かれる方がいる。でも角の有無と雌雄とは関係ない。雌雄関係なく、有角の遺伝子と無角の遺伝子があり、父母いずれかから（あるいは両方から）、無角の遺伝子を受けついだ子は無角になり、父母両方から有角の遺伝子を受けついだときのみ、子は有角になることが知られている。

読者のなかには、「有角であるメイの子に、なぜ有角と無角の子が産まれたのか?」と思う方がおられるかもしれない。それは、「メンデルの遺伝の法則」を知っていればすぐわかることだ。ちょっと話が長くなるのでここでは省略する。

どうしても知りたい方がおられたら、中学校や高校の「生物」関係の先生か、「生物」を勉強している中学生や高校生のお子さんがおられたらお子さんに尋ねてみられるとよい。

話をもどして……。

キナコの柵ぬけの頻度が減ってきたのは、柵の横木の隙間から頭を出すとき、角がじゃまになりはじめたからではないだろうか。**ガツンッ! 「痛!」**………みたいな感じで。

それに対して、頭に角がないアズキの場合は、そんな体験はせずにすんだ。

そして、今度は「一つ目の疑問に対する答え」、であるが、その前に、**ちょっと聞いていただきたい**ことがある。それは、なんというか、**……私の立場、**である。

先に書いた以下の文章を読み返していただきたい。

でも、部員たちも私も、この光景がいつまでも続くことはないと思っていた。当然だ。そのうち子ヤギたちの体が大きくなれば、残念ながら彼女らも大人ヤギたちと同じように、柵ぬけは不可能になるだろう……と。

だから、私の研究室へ事務局の人たちから（事務局には柵の外にいる子ヤギたちを見た学生や先生が連絡してくれるのだ）、「先生、ヤギが脱走しているらしいですよ」と、電話がかかってきても、次のように答えていた。

「そうなんですよ。**子ヤギだからしかたないんです。**でももう少ししたら体が大きくなって脱走できないようになりますから」

しかしである、成長して体が大きくなったけど、**（アズキは）脱走しているのだ！**

私の研究者としての立場はどうなるのか。

事務局は私の言葉を信じて、「ヤギが出ています」という連絡があっても私に伝えることなく、「もう少ししたら体が大きくなって脱走しなくなるそうですから」と、対応してくれていたようだ。でも、直接、私の研究室まで来てヤギ（アズキ）の脱走を伝えてくれる学生たちもいた。

状況から考えて、これ以上アズキの体が大きくなって脱走ができなくなる、ということは考えられなかった。

では、というので、柵ぬけ防止のために、柵の横木の隙間に、さらに横木を加えるというのは、それは**ほぼ不可能なことだった。**柵の横木の隙間は上から五つあり、上のほうからの脱出はないとして、下三つをふさぐとしても、全部で六〇〇カ所近くの隙間に、新たに横木を設置しなければならない。おまけに柵の素材は木ではなく、硬くて丈夫な強化樹脂である（木材だと朽ちていくので、前々学長の古澤巖先生が特注でつくってくださったのだ）。

無理無理。

では………、私はいつものように**発想を変えてみた。**

柵の横木の隙間をせまくするのではなく、アズキの頭部に角のようなものをつけるとか、首輪に棒のようなものを取りつけ、首が隙間を通過しなくしたらどうか。

むーーー。**発想は悪くないが、無理。**

では、どうする？

こうして私の思索は続いていった。

そしてついにその日は、来た。私くらいの研究者になると、物理を超えて心理の領域にまで達するのだ。

物理的にアズキの脱走を抑えるのではなく、「脱走」と考えている**人間の側の心理、意識を変えればよい。**

つまり、キャンパスの除草をしたり、柵の外を散歩して人々にアニマルセラピー効果を与えたりするヤギ、と考えればよいのだ。そう、あれは**「脱走ではなく柵外放牧だ」**と、意識を転換すればよいのだ。**……すばらしい。**

そのようなカテゴリーのヤギなのだ、と大学の教職員・学生みんなに思ってもらえばよいわけだ。

そして思った。そうだ、そのためには、そのカテゴリーを言葉にしてみんなに意識してもらうことが必要だ。何かよい呼び名はないか……。そのときひらめいたのが次の呼び名だ。

「キャンパス・ヤギ」

実際、アズキは柵の外でこまめに草を食べてくれるし、広々としたキャンパス内の建物や木々の間にその姿を現わすと、何か**心地よい風景を演出してくれる**（はじめての人は、まずはちょっと驚くかもしれないが）。

後者の〝心地よい風景〟の演出、それもアニマルセラピー効果の一つで、これまでの研究から、次のような事実も学術的に確認されている。

日本人も含めて、世界の異なる地域、文化のもとで暮らすホモ・サピエンスで、心地よく感じる風景はどれか、写真を見ても

これは名づけて“キャンパス・ヤギ”。キャンパスの除草をしたり、人々にアニマルセラピー効果を与えたりするヤギと考えればよいのでは？

らったり、現場に連れていったりして調べてみると、「開けていて、まばらに木々があり、さらに、草食系の動物がいる」風景が最も選ばれやすい。

たとえば、周囲にまばらに木々が立つ、広々とした放牧地で、牛が草を食んでいたり、林のなかに湖があり、水面に水鳥が浮いているような、そういった風景である。

そういった風景を見ているときの脳波は、リラックス時の波形を示すことも知られている。

まさに、キャンパス・ヤギがいる公立鳥取環境大学のキャンパスではないか。

一方、「キャンパス・ヤギ」プロジェクトに関しては、事務局から次のような指摘が入る可能性も私はしっかり計算に入れていた（私とはそういう、**先の先を考えて行動する、**そういう人間なのだ。ここだけの話だが）。

「ヤギがキャンパス内で、**車にはねられたら困りますから**」（ヤギのことを心配しての指摘なので、ありがたいことなのだが）

これまでのところアズキは、柵内の群れを意識しているからだろう、柵からあまり離れることはない。したがって車が走る道路にまで出ることはない（ヤギのような大型草食哺乳(ほにゅう)類は、おもに捕食者からの防衛手段の一つとして、群れから離れない、という習性を有している。特に一頭だけで遠く離れるような行動はまずとらない)。

でも、この主張だけでは、事務局に対して十分ではない。だから、私は、ちゃんとそれへの対策も考えていた(私とはそういう、**先の先を考えて行動する、**そういう……、これは前にも言ったか)。

それは**次のような主張だ。**

「ヤギは、体の白さゆえ、よく目立つ。夜でも、だ。一方、キャンパス内では、車は徐行することが半ば義務化されている。人がたくさんいるからだ。さて、仮に車がヤギをはねたとしたら、それはどういうことか? それはその車が、かなりな脇見をしながら、かつ、スピードを出して走っていたということだ。ということは、その車は、人をはねていた可能性が高いということだ。人に気づくよりヤギに気づくほうが容易なのだから。つまり、仮にヤギがはねられたとしたら、それは**人がはねられることを防いだということになる**のだ(ヤギをはねた人には、キャンパス内での運転について強い警告になるだろう)」

どうだろう。このように主張して私は、「車にはねられる可能性があるから」という、ヤギの外出の問題点に対抗しようと思っているのだ。

このようにして**理論武装も念入りに行なった「キャンパス・ヤギ」プロジェクト**は、現在までのところじつに順調に進んでいる。

たまに、キャンパス・ヤギをしているアズキをはじめて見た学生が、私の研究室に知らせに来てくれるが、そのときは、私に「キャンパス・ヤギ」プロジェクトについて、（不運にも？）ちょっと長めに説明を受け、情報の伝搬者として依頼を受け、研究室を出ていく。

ヤギ部の部長のＳｙくんと副部長のＴｋくんは、下のような看板をつくって柵に掲げた。

完璧だ（でも、その後、この看板は鳥取県を襲った強風とともにどこかへ飛んでいったという。**まー……いろいろある**）。

ヤギ部部長のSyくんと副部長のTkくんがこんな看板をつくって柵に掲げた

さて、最後に。

みなさんは、私が答えるべき疑問がもう一つ残っていたのを覚えておられるだろうか。次のような疑問である。

「アズキと同じくらいの体の大きさの大人のヤギたちは、**なぜアズキに学んで柵ぬけをしないのか?**（ヤギが、ほかのヤギを模倣して、利益になる行動をするようになる能力があることはこれまでの私の観察から十分わかっていた。そして明らかにほかのヤギたちは柵の外に出たがっていた。柵の隙間から頭部だけを出して首を精一杯のばし、柵のすぐそばの草を食べている姿が何度も見られていた）」

これまでの長いヤギの行動観察から、まずは次の点は確かだ。

「ヤギは、他個体の行動を見て、その意味を理解し（学習し）、自分の行動に反映させることができる」

たとえば、当番の部員の施錠が不完全で、一頭のヤギが、少し戸が開いているところから外へ出ると、それを見ていたほかの個体も、戸のところへ行き、次々に外へ出ていく。

たまに起こる出来事である。

だったら、（これまで幾度となく行なわれた）アズキの柵ぬけを見ていることはまず間違いないコムギは、なぜ、**アズキのようにして柵ぬけをしないのだろうか。**少なくともコムギは（キナコやクルミ、メイと違って）角がないので、「角がじゃまで柵ぬけできない」ということはないはずだ。体のサイズ的にもアズキと変わらない。

私はこう思うのだ。

「柵ぬけ」は、過酷な技だ。

下の、アズキの柵ぬけの写真を見ていただきたい（ほんとうは、柵ぬけによって外に出ているところがよかったのだが、その写真がなかっ

アズキが「柵ぬけ」をして外に出たあと、外から放牧場のなかにもどっているところ

たので、柵ぬけで一度外に出たあと、柵のなかにもどっている写真にした。でも結局同じ動作をしていると考えられる)。

腹をかなり圧迫しないと、体は柵の隙間を通過しない。

この〝圧迫〟が、**普通のヤギには無理**なのではないだろうか。たとえばコムギには。

「では、アズキにはどうしてそれができるのか?」

あなたは、そう聞かれるのか?(そう聞いてほしい)

そう! それは、アズキが小さいころからそれを続けてきて、**それができることが当たり前、と信じきっているから、**ではないだろうか。

そこがコムギとの差である(おそらく)。コ

成長したアズキは、柵をすりぬけるときに腹が圧迫されて痛いと思うのだが……ものともせずに「柵ぬけ」する

ムギは、大きくなった状態で、新しく完成した柵の放牧場に移された。その放牧場で、柵ぬけをやった経験がないコムギが仮に柵ぬけをやろうとしても、頭は何とか通っても、腹が柵の横木にあたった瞬間、**「あっ、無理」**となるにちがいない。

どうだろう。私の推察。

生まれたころからずっとアズキを見ていて、少しずつ体は大きくなっていっても、柵ぬけができることを疑わずにやりつづけたアズキの姿が目に浮かぶのだ。

そして、私は、**「Yes, I can !」「自分を信じる」**ことの大切さを思うのである。

キャンパス・ヤギの誕生だ。キャンパスの除草は君にまかせた（いや、いまいち無理だろうか）

著者紹介

小林朋道（こばやし ともみち）

1958年岡山県生まれ。

岡山大学理学部生物学科卒業。京都大学で理学博士取得。

岡山県で高等学校に勤務後、2001年鳥取環境大学講師、2005年教授。

2015年より公立鳥取環境大学に名称変更。

専門は動物行動学、進化心理学。

著書に『利己的遺伝子から見た人間』（PHP研究所）、『ヒトの脳にはクセがある』『ヒト、動物に会う』（以上、新潮社）、『絵でわかる動物の行動と心理』（講談社）、『なぜヤギは、車好きなのか？』（朝日新聞出版）、『進化教育学入門』（春秋社）、『先生、巨大コウモリが廊下を飛んでいます！』をはじめとする、「先生！シリーズ」（今作第13巻）、番外編『先生、脳のなかで自然が叫んでいます！』（築地書館）など。

これまで、ヒトも含めた哺乳類、鳥類、両生類などの行動を、動物の生存や繁殖にどのように役立つかという視点から調べてきた。

現在は、ヒトと自然の精神的なつながりについての研究や、水辺や森の絶滅危惧動物の保全活動に取り組んでいる。

中国山地の山あいで、幼いころから野生生物たちとふれあいながら育ち、気がつくとそのまま大人になっていた。1日のうち少しでも野生生物との“交流”をもたないと体調が悪くなる。

自分では虚弱体質の理論派だと思っているが、学生たちからは体力だのみの現場派だと言われている。

ツイッターアカウント @Tomomichikobaya

先生、アオダイショウがモモンガ家族に迫っています！

鳥取環境大学の森の人間動物行動学

2019年4月30日　初版発行

著者　小林朋道
発行者　土井二郎
発行所　築地書館株式会社
〒104-0045
東京都中央区築地7-4-4-201
☎03-3542-3731　FAX 03-3541-5799
http://www.tsukiji-shokan.co.jp/
振替00110-5-19057
印刷製本　シナノ印刷株式会社
装丁　阿部芳春

 ISBN978-4-8067-1582-5

大好評、先生！シリーズ

[鳥取環境大学] の森の人間動物行動学

小林朋道［著］　　各巻 1600 円＋税

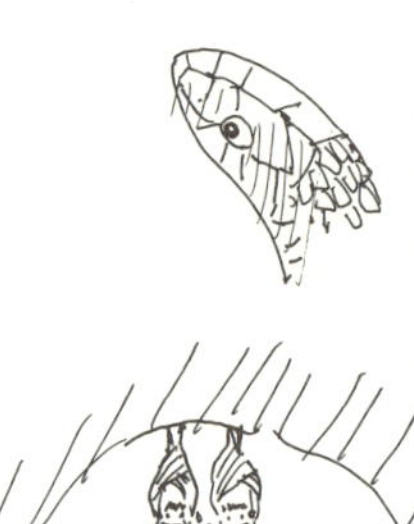

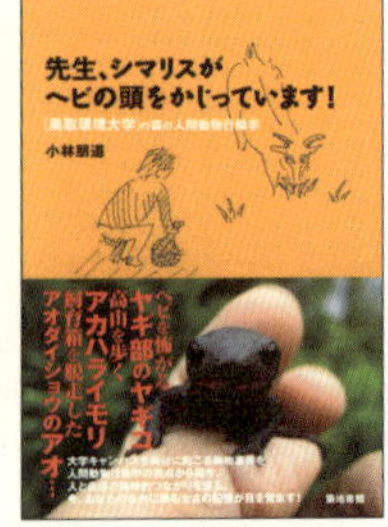

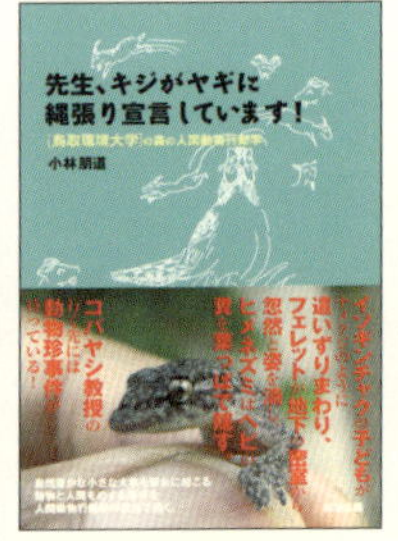

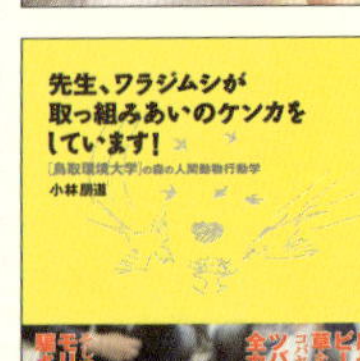

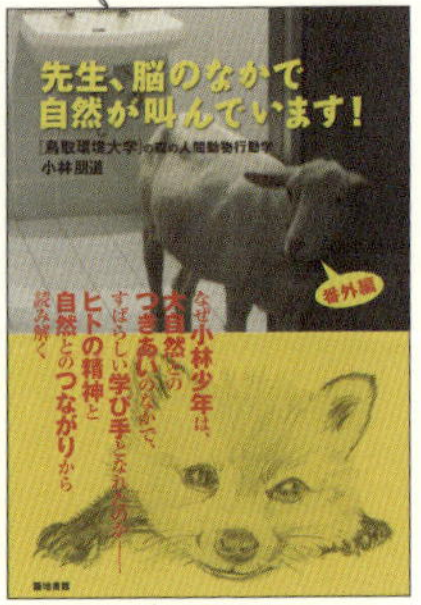